GIVANILDO ALVES DOS SANTOS

tecnologias mecânicas

materiais, processos e manufatura avançada

Avenida Paulista, n. 901, Edifício CYK, 3º andar
Bela Vista – SP – CEP 01310-100

SAC Dúvidas referentes a conteúdo editorial, material de apoio e reclamações: sac.sets@somoseducacao.com.br

Direção executiva	Flávia Alves Bravin
Direção editorial	Renata Pascual Müller
Gerência editorial	Rita de Cássia S. Puoço
Aquisições	Rosana Ap. Alves dos Santos
Edição	Paula Hercy Cardoso Craveiro
	Silvia Campos Ferreira
Produção editorial	Laudemir Marinho dos Santos
Preparação	Gilda Barros Cardoso
Revisão	Gilda Barros Cardoso
Projeto gráfico e diagramação	Ione Franco
Capa	Deborah Mattos
Imagem de capa	© iStock/GettyImagesPlus/amgun
Impressão e acabamento	Gráfica Paym

DADOS INTERNACIONAIS DE CATALOGAÇÃO NA PUBLICAÇÃO (CIP)
ANGÉLICA ILACQUA CRB-8/7057

Santos, Givanildo Alves dos
  Tecnologias mecânicas : materiais, processos e manufatura avançada / Givanildo Alves dos Santos. – São Paulo : Érica, 2021.
  296 p.

Bibliografia
ISBN 978-85-365-3362-9

1. Engenharia de materiais 2. Materiais 3. Processos de fabricação 4. Materiais - Propriedade 5. Tecnologias 6. Indústria 4.0 I. Título

20-2098

CDD 620.11299
CDU 620

Índice para catálogo sistemático:
1. Materiais de engenharia

Copyright © Givanildo Alves dos Santos
2021 Saraiva Educação
Todos os direitos reservados.

1ª edição

Nenhuma parte desta publicação poderá ser reproduzida por qualquer meio ou forma sem a prévia autorização da Saraiva Educação. A violação dos direitos autorais é crime estabelecido na Lei n. 9.610/98 e punido pelo art. 184 do Código Penal.

CO	703374	CL	642560	CAE	728181

Agradecimentos

Ao Instituto Federal de Educação, Ciência e Tecnologia de São Paulo (IFSP), que, pelo exercício do magistério, permitiu-me a aquisição de experiência docente em Ensino Técnico e Tecnológico na área de Mecânica.

À Faculdade de Tecnologia da Zona Leste (Fatec), que faz parte do Centro Paula Souza (CPS), que me possibilitou a prática docente em Ensino Tecnológico em curso de Produção.

Às instituições de ensino e pesquisa que possibilitaram minha formação acadêmica: Instituto Tecnológico de Aeronáutica (ITA); Escola Politécnica da Universidade de São Paulo (EPUSP); Instituto de Pesquisas Energéticas (Ipen); Universidade Presbiteriana Mackenzie (UPM); Universidade Virtual do Estado de São Paulo (Univesp); Faculdade de Tecnologia de São Paulo (Fatec-SP), que na época era associada e vinculada à Universidade Estadual Paulista "Júlio de Mesquita Filho" (UNESP); Instituto Federal de Educação, Ciência e Tecnologia de São Paulo (IFSP); Universidade Católica Dom Bosco (UCDB); e Serviço Nacional de Aprendizagem Industrial (Senai-SP).

À Termomecânica São Paulo S.A., pela parceria técnico-científica na área de Materiais e Processos de Manufatura.

Ao Grupo de Pesquisas em Solidificação (GPS), do Departamento de Engenharia de Materiais (Dema) da Faculdade de Engenharia Mecânica (FEM), da Universidade Estadual de Campinas (Unicamp), pela imprescindível colaboração no desenvolvimento de trabalhos sobre solidificação de metais.

Ao meu orientador, Prof. Dr. Carlos de Moura Neto (*in memoriam*).

Em especial, aos meus familiares, com destaque aos meus pais Francisco e Alzeni, à minha esposa Denise e aos meus filhos Tiago, Felipe, Fernanda, Júlia e Davi, pelo incentivo e pela compreensão em todos os momentos.

O autor

Sobre o autor

Givanildo Alves dos Santos é livre-docente em Engenharia Mecânica pela Escola Politécnica da Universidade de São Paulo (EPUSP).

É doutor e mestre em Engenharia Aeronáutica e Mecânica pelo Instituto Tecnológico de Aeronáutica (ITA), com pós-doutorado em Ciência e Tecnologia dos Materiais pelo Instituto de Pesquisas Energéticas e Nucleares (IPEN). Graduado em Tecnologia Mecânica, na modalidade Processos de Produção, pela Faculdade de Tecnologia de São Paulo (Fatec-SP, que na época era vinculada à Universidade Estadual Paulista "Júlio de Mesquita Filho" - UNESP), com formação pedagógica em Mecânica, pelo Instituto Federal de Educação, Ciência e Tecnologia de São Paulo (IFSP – *campus* São Paulo); graduado em Engenharia de Produção pela Universidade Virtual de São Paulo (Univesp), com formação específica em Fundamentos de Tecnologia e Ciências Exatas, pela Univesp; especialista em Gestão Pública pela Universidade Católica Dom Bosco (UCDB); e com formação técnica em Mecânica pelo Serviço Nacional de Aprendizagem Industrial (Senai-SP).

Em 2019, iniciou pós-doutorado empresarial em Engenharia dos Materiais pela Universidade Presbiteriana Mackenzie.

Na área de Mecânica, desenvolveu atividades técnicas em montadora multinacional e foi professor e coordenador de curso na Faculdade de Tecnologia da Zona Leste. Atualmente, no IFSP, é professor do Departamento de Mecânica, de cursos técnicos, tecnológicos, de engenharia e do programa de pós-graduação em Engenharia Mecânica, na área de concentração Materiais e Processos de Fabricação, na qual é coordenador de pesquisas. Foi coordenador do programa de pós-graduação em Engenharia Mecânica do IFSP de janeiro de 2014 a fevereiro de 2020.

Tecnologias Mecânicas Materiais, Processos e Manufatura Avançada

Apresentação

Esta obra engloba bases tecnológicas imprescindíveis para os sistemas de produção. Dentre essas bases, destacam-se os tipos de materiais e os ensaios de caracterização, os processos de fabricação, os tratamentos de engenharia e a Indústria 4.0 (manufatura avançada). Estas são ferramentas empregadas no desenvolvimento das habilidades e das competências de alunos de cursos técnicos e de graduação voltados a Controle e Processos Industriais.

As informações tecnológicas aqui trabalhadas incluem a descrição de processos de manufatura e sistemas produtivos, a especificação de características e propriedades de materiais, e a seleção do tratamento de engenharia compatível com a utilização do material. Temas como manufatura aditiva, nanofabricação, tratamentos de deposição de vapor, processos não convencionais de manufatura, sistemas de manufatura enxuta e Indústria 4.0 também serão discutidos.

Este livro tem como diferencial conciliar, em um mesmo volume, os assuntos materiais de engenharia, processos de fabricação e tecnologias de tratamento para agregar valor aos produtos, sistemas produtivos utilizados para integrar as tecnologias de materiais e de manufatura, e, por fim, discute a Indústria 4.0, com ênfase em manufatura aditiva.

Deve-se destacar que o conhecimento sobre as tecnologias mecânicas é imprescindível para diversos segmentos relacionados às Engenharias, como: Mecânica, Produção, Manufatura, Materiais, Mecatrônica, Controle e Automação, Aeronáutica etc. O nível de desenvolvimento de um país pode ser constatado em função de sua capacidade de utilização da tecnologia para desenvolver e processar materiais, fabricando com qualidade e oferecendo bons serviços.

A tecnologia visa tornar aplicável a ciência, propiciando materiais e processos, que, quando devidamente integrados, sejam capazes de produzir produtos que atendam (e até mesmo superem) as expectativas de metas estipuladas.

O eixo central da obra baseia-se em tecnologias de materiais e de produção, e encontra-se dividida em sete capítulos.

O Capítulo 1 apresenta conceitos e aplicações de materiais de engenharia, define as ligações químicas, as estruturas e as imperfeições em sólidos e como influenciam as propriedades dos materiais. Já o Capítulo 2 aborda as propriedades mecânicas, tecnológicas, térmicas, elétricas, magnéticas e químicas dos materiais de engenharia.

No Capítulo 3 são apresentados ensaios destrutivos e não destrutivos, que são aplicados para analisar os materiais, bem como a caracterização por análise metalográfica.

O Capítulo 4 discorre sobre os fundamentos das principais tecnologias de manufatura presentes nos processos de fundição, conformação mecânica, metalurgia do pó, usinagem (manufatura subtrativa) e união de materiais metálicos. Trata, ainda, de processos de fabricação utilizados em cerâmicas, polímeros e compósitos.

No Capítulo 5 são analisados os principais tratamentos de engenharia utilizados para aprimorar propriedades ou preparar os materiais de engenharia para suas respectivas aplicações. São explicadas as definições e as tecnologias envolvidas nos tratamentos térmicos e nos processos de tecnologia de superfícies.

O Capítulo 6 elucida os sistemas de produção tradicionais e com classificação por destinação, destacando diferenças, vantagens e desvantagens. Contextualiza o Sistema de Manufatura Enxuta e as tecnologias envolvidas, como a tecnologia de grupo. Tópicos como sistemas flexíveis de manufatura e manufatura integrada por computador também são discutidos neste capítulo.

Por fim, o Capítulo 7 apresenta conceitos e tecnologias importantes pertinentes à Indústria 4.0, com ênfase em Manufatura Aditiva.

Sumário

Capítulo 1 – Materiais de Engenharia **15**

1.1 Generalidades 16

    1.1.1 Histórico 16

1.2 Materiais de engenharia 19

    1.2.1 Materiais metálicos 19

    1.2.2 Cerâmicas 21

    1.2.3 Materiais poliméricos 22

    1.2.4 Materiais semicondutores 24

    1.2.5 Materiais compósitos 25

    1.2.6 Biomateriais 27

1.3 Ligações químicas 28

    1.3.1 Ligações primárias (ligações fortes) 29

    1.3.2 Ligações secundárias (ligações fracas) 32

1.4 Estruturas 34

    1.4.1 Material cristalino e não cristalino (amorfo) 37

    1.4.2 Sistemas e redes cristalinas 40

    1.4.3 Estruturas cristalinas dos materiais de engenharia ... 45

    1.4.4 Alotropia e polimorfismo 48

1.5 Imperfeições ou defeitos cristalinos em materiais 50

    1.5.1 Defeitos pontuais 51

    1.5.2 Defeitos lineares (discordâncias) 54

    1.5.3 Defeitos planares, interfaciais ou superficiais 57

    1.5.4 Defeitos volumétricos 62

Vamos praticar 64

Capítulo 2 - Propriedades dos Materiais....................................... 65

2.1 Propriedades dos materiais.. 66

    2.1.1 Propriedades mecânicas... 67

    2.1.2 Propriedades térmicas.. 75

    2.1.3 Propriedades elétricas.. 78

    2.1.4 Propriedades magnéticas.. 82

    2.1.5 Propriedades químicas.. 83

    2.1.6 Propriedades tecnológicas.. 86

    2.1.7 Propriedades ópticas... 88

Vamos praticar.. 91

Capítulo 3 - Ensaios e Caracterização dos Materiais 93

3.1 Ensaios dos materiais... 94

3.2 Ensaios destrutivos.. 95

    3.2.1 Ensaio de tração... 95

    3.2.2 Ensaio de compressão.. 105

    3.2.3 Ensaio de flexão.. 106

    3.2.4 Ensaio de torção.. 108

    3.2.5 Ensaio de dureza... 110

    3.2.6 Ensaio de impacto.. 115

    3.2.7 Ensaio de fluência.. 117

    3.2.8 Ensaio de fadiga.. 118

    3.2.9 Ensaios de fabricação... 120

3.3 Ensaios não destrutivos.. 122

3.4 Análise metalográfica... 125

    3.4.1 Laboratório de metalografia..................................... 128

    3.4.2 Procedimento experimental..................................... 130

Vamos praticar.. 149

Capítulo 4 - Tecnologia de Manufatura – Processos de Fabricação **151**

4.1 Generalidades 152

    4.1.1 Histórico... 152

4.2 Processos de fabricação de metais e ligas...................... 154

    4.2.1 Fundição... 154

    4.2.2 Processos de conformação mecânica.................... 160

    4.2.3 Metalurgia do pó 170

    4.2.4 Usinagem (manufatura subtrativa) 173

    4.2.5 Processos de união (soldagem)............................ 184

4.3 Processamento de cerâmicas, polímeros e compósitos 195

Vamos praticar 206

Capítulo 5 - Tratamentos de Engenharia.................................. 209

5.1 Generalidades 210

5.2 Tratamentos térmicos 210

    5.2.1 Tratamentos térmicos dos materiais metálicos 211

    5.2.2 Tratamentos termoquímicos 224

    5.2.3 Têmpera superficial 226

    5.2.4 Observações sobre tratamentos térmicos
    em materiais metálicos... 228

    5.2.5 Tratamentos térmicos realizados na metalurgia
    do pó e em materiais cerâmicos e compósitos...... 231

5.3 Processos de tecnologia de superfície 234

    5.3.1 Limpeza industrial e tratamento de superfície...... 234

    5.3.2 Implantação iônica.. 236

    5.3.3 Eletrodeposição (galvanoplastia)......................... 236

    5.3.4 Revestimento por imersão a quente 238

    5.3.5 Anodização.. 240

5.3.6 Processos de deposição de vapor 240

5.3.7 Revestimentos orgânicos 243

5.3.8 Esmalte à porcelana... 244

5.3.9 Aspersão térmica.. 245

Vamos praticar 246

Capítulo 6 - Sistemas de Produção e Tecnologias Envolvidas 249

6.1 Generalidades 250

6.1.1 Histórico... 251

6.2 Sistemas de produção: classificação tradicional............ 252

6.2.1 Processos de produção por projeto ou produto único 252

6.2.2 Processos de produção por *jobbing*..................... 253

6.2.3 Processos de produção por lotes ou bateladas 254

6.2.4 Processos de produção em massa ou linha 255

6.2.5 Processos de produção contínuos......................... 256

6.3 Sistemas de produção: classificação por destinação 256

6.3.1 Processos de produção para estoque 257

6.3.2 Processos de produção para o cliente 257

6.4 Layouts (arranjos físicos).. 259

6.5 Sistema de manufatura enxuta....................................... 262

6.6 Sistemas flexíveis de manufatura................................... 264

6.6.1 Customização em massa.. 265

6.7 Manufatura integrada por computador 265

6.8 Outros tópicos relacionados à produção........................ 267

Vamos praticar 270

Capítulo 7 - Indústria 4.0 – Manufatura Avançada 271

7.1 Generalidades 272

7.2 Tecnologias da Indústria 4.0 274

    7.2.1 Big Data 275

    7.2.2 Internet das Coisas.. 276

    7.2.3 Robôs e veículos autônomos 278

    7.2.4 Simulações 278

    7.2.5 Cibersegurança (segurança cibernética) 280

    7.2.6 Computação em nuvem... 280

    7.2.7 Realidade aumentada.. 280

    7.2.8 Integração de sistemas 281

7.3 Manufatura aditiva... 282

    7.3.1 Processos baseados em líquido 283

    7.3.2 Processos baseados em pó 285

    7.3.3 Processos baseados em sólido 288

    7.3.4 Outras observações sobre manufatura aditiva 291

Vamos praticar 294

BIBLIOGRAFIA... **295**

Capítulo 1

Materiais de Engenharia

Objetivo

Este capítulo visa definir os conceitos básicos pertinentes aos materiais de engenharia. São explicados metais, cerâmicas, polímeros, semicondutores, compósitos e biomateriais, além de ligações químicas e as estruturas que os constituem. Na sequência, são apresentados os possíveis defeitos cristalinos que podem ocorrer em materiais sólidos.

1.1 Generalidades

Na indústria, os profissionais projetam, fabricam e operam coisas (ou objetos), as quais são feitas de materiais. Os **materiais** são substâncias que apresentam propriedades que permitem aplicações tecnológicas. Além disso, essas substâncias são necessárias para o constante desenvolvimento da sociedade. Os materiais fazem parte do cotidiano de todos e são comuns em muitas aplicações, sejam elas simples ou complexas, como: recipientes, brinquedos, implantes, automóveis, aeronaves, máquinas operatrizes etc.

Devemos destacar que o conhecimento tecnológico dos materiais está presente em diversas áreas como Mecânica (tema central da obra), Produção, Eletrônica, Controle e Automação, Construção Civil, Química, Aeronáutica e Aeroespacial; mas a riqueza e a importância de tal conhecimento transcendem para outros setores, como Medicina, Veterinária, Odontologia e Biologia na utilização de biomateriais, por exemplo.

Na área da Mecânica, especificamente, os materiais são imprescindíveis, pois, além de servirem como matéria-prima para a confecção de produtos, são comumente empregados em equipamentos e máquinas indispensáveis à fabricação desses produtos, isto é, esses materiais estão presentes em qualquer segmento industrial em que se produzam bens duráveis ou não duráveis, desde a indústria aeronáutica até a de embalagens, passando pelas indústrias automobilística, eletroeletrônica e de brinquedos. É crucial, portanto, para os profissionais das áreas tecnológicas o conhecimento sobre os materiais, envolvendo a ciência desses materiais e a seleção adequada em função das propriedades desejadas.

1.1.1 Histórico

Algo indiscutível em termos históricos é o fato de o nível de desenvolvimento de uma sociedade ser avaliado em função da sua capacidade de desenvolver e produzir materiais, e, por meio destes, fabricar produtos e propiciar serviços. Idade da Pedra, Idade do Bronze e Idade do Ferro são exemplos de civilizações antigas que foram designadas em função do nível de desenvolvimento em relação aos materiais.

Tecnologias Mecânicas Materiais, Processos e Manufatura Avançada

Na Figura 1.1, temos representada a evolução histórica dos materiais.

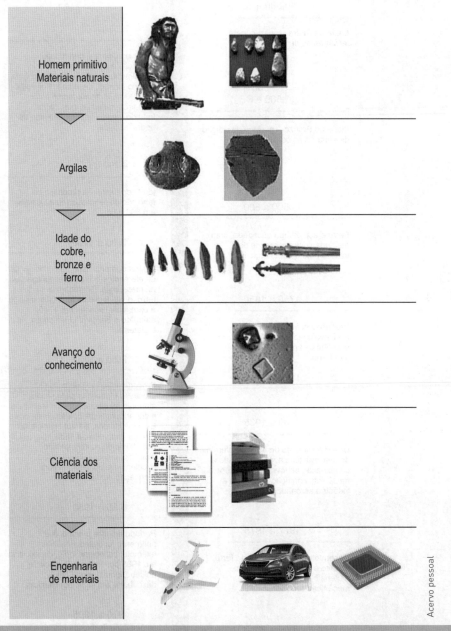

Figura 1.1 – Evolução histórica dos materiais.

Cronograma com períodos aproximados:

2,5 milhões a.C. a 10.000 a.C.

Idade da Pedra – utilização de ferramentas de pedra.

9.000 a 3.500 a.C.

Idade do Cobre – período de utilização do cobre nativo. Inicialmente, o cobre era batido para obter o formato desejado. Por volta de 5.000 a.C. apareceram os primeiros trabalhos com cobre fundido, sendo os moldes feitos de pedra lascada.

3.500 a 1.500 a.C.

Idade do Bronze – período da adição de estanho ao cobre.

1.500 a.C. a 100 d.C.

Idade do Ferro – o processo de fundição do ferro ocorreu na China, em 600 a.C.

500 a 600

Ferro e aço de boa qualidade, com melhorias nos processos de transformação metalúrgicos.

1600 a 1750

Melhor compreensão da combinação de elementos químicos empregados na metalurgia. Diferentemente do ferro, o processo de fundição em aço é bem mais recente, em 1740, atribuído a Benjamin Huntsman, da Inglaterra.

1750 a 1850

Produção comercial do aço. Na Revolução Industrial, o coque substitui o carvão vegetal no alto-forno.

1850 a 1900

Procedimento Hall-Héroult. O processo eletrolítico para produzir alumínio foi embasado nos trabalhos independentes de Charles Hall, nos Estados Unidos, e Paul Héroult, na França, por volta de 1886, possibilitando a produção do alumínio, um metal leve com excelentes propriedades para fabricação em larga escala.

1900 a 1935

Desenvolvimento de ligas de alumínio de alta resistência, possibilitando a combinação de leveza e resistência mecânica, condição ideal para a indústria aeronáutica.

1930 a 1950

Período em que maioria dos polímeros foi descoberta. Por exemplo: polietileno (PE), descoberto em 1935 por Perrin e Swallow, e politetrafluoretileno (PTFE), descoberto em 1938 por Plunkett.

1977 a 1975

Desenvolvimento de ligas de ferro, cobalto e titânio, propiciando materiais com propriedades mecânicas superiores.

1970 a 1995

Desenvolvimento de superligas, como as do sistema níquel-cromo-cobalto, com o surgimento de ligas metálicas cada vez mais leves e mais resistentes.

2000 a 2010

O grafeno foi isolado do grafite pela primeira vez por Konstantin Novoselov e Andre Geim, em 2004, na Universidade de Manchester, na Inglaterra, rendendo à dupla o Prêmio Nobel de Física em 2010.

Em tempos atuais, nota-se a busca incessante no desenvolvimento de novos materiais e de processos de manufatura cada vez mais eficientes, que impliquem ganho de propriedades, por meio do uso de tecnologias limpas (não poluentes) e racionais, orientadas no sentido de se obter mais eficiência na utilização dos recursos energéticos e materiais.

A tendência futura, e que se segue à Agenda 2030 para o desenvolvimento sustentável, prevê o aumento da produção com menores consumos de energia e maior racionalidade na utilização dos recursos naturais disponíveis. Dessa maneira, são imprescindíveis o desenvolvimento e a produção de materiais com maior sofisticação agregada, além do aumento da produção industrial, pela racionalização dos processos e da logística envolvida, com vistas a reduzir as dependências dos materiais denominados estratégicos.

1.2 Materiais de engenharia

Os materiais de aplicações tecnológicas são denominados materiais de engenharia e agrupam-se em três classificações básicas: metais, cerâmicas e polímeros – estes grupos têm por base a composição química e a estrutura atômica. Adicionalmente, existem três outros grupos de materiais: compósitos, semicondutores e biomateriais.

1.2.1 Materiais metálicos

Os metais podem ser considerados os mais importantes materiais de engenharia, pois possuem propriedades que satisfazem a ampla variedade de requisitos de projeto. Os processos de fabricação pelos quais eles são conformados em produtos têm sido desenvolvidos e aprimorados há muito tempo. Compreendem o grupo de materiais de elevada aplicação tecnológica devido à sua extensa gama de propriedades possíveis, sendo estas influenciadas por ligações atômicas, elementos constituintes (composição química), por processos de fabricação ou de transformação e por estruturas resultantes (nano, micro e macroestrutura).

As ligas metálicas são materiais metálicos compostos por dois ou mais elementos, dos quais pelo menos um é um metal, podendo formar misturas homogêneas e heterogêneas. A liga metálica mais conhecida e utilizada no mundo é o aço, cuja condição elementar está presente no sistema binário Fe-Fe$_3$C (ferro-cementita).

Os metais e as ligas incluem aços, ferros fundidos, alumínio, cobre, magnésio, zinco, titânio, níquel etc. São materiais que, em geral, apresentam boa condutividade térmica e elétrica e maleabilidade (capacidade de mudança de forma). São materiais versáteis e importantíssimos, pois a seleção adequada de tais materiais propiciará uma ótima relação custo-propriedades. Além disso, são materiais de extrema importância comercial.

As ligas metálicas podem ser divididas em dois grupos: ligas ferrosas e ligas não ferrosas. As ligas ferrosas apresentam o ferro como elemento predominante, isto é, com o maior teor na composição química da liga metálica. Basicamente, compreendem aços e ferros fundidos. As ligas não ferrosas, por sua vez, são ligas metálicas que não têm como elemento principal o ferro. As ligas de alumínio, cobre, titânio, zinco, magnésio e níquel são as mais importantes do grupo de não ferrosas. As ligas de níquel e de titânio podem oferecer propriedades mecânicas superiores às apresentadas pelos aços, principalmente em condições de altas temperaturas. Há ligas de alumínio que podem ser mais resistentes mecanicamente do que os aços-carbono, dependendo da liga, do processamento e da estrutura resultante. As classes dos materiais metálicos estão representadas no Quadro 1.1.

Quadro 1.1 – Classes dos materiais metálicos

Classe	Exemplos	Classe	Exemplos
Aços e ferros fundidos	Aços-carbono	Não ferrosos	Ligas Al-Cu
	Aços-liga Exemplo: 4340, Ni-Cr-Mo		Ligas Al-Si
			Ligas Cu-Zn (latões)
	Aços inoxidáveis Exemplo: 304 (18%Cr-8%Ni)		Ligas Cu-Sn (bronzes)
			Ligas Zn-Al
	Aços Maraging		Ligas Mg-Al
Ligas especiais	Ligas de Co	Amorfos	Ligas Ni-Fe-B
	Superligas: Ni-Cr-Co		Ligas Ni-Nb
	Ligas de Ti		Ligas Cu-Zr

Por meio da análise das classes dos materiais metálicos (Quadro 1.1), nota-se que se trata de materiais que partem desde a condição de comercialmente puros (cobre, por exemplo), passando por ligas mais comuns (aços-carbono, por exemplo), até condições mais complexas, como as ligas especiais. Essa riqueza de possibilidades permite que metais e ligas sejam utilizados em aplicações rudimentares, como um simples prego, até aplicações avançadas, como uma aeronave, em função de uma combinação de propriedades e custos almejados.

1.2.2 Cerâmicas

Os materiais cerâmicos são combinações de elementos metálicos (ou de semimetais) e não metálicos. Geralmente são óxidos, silicatos, aluminatos, nitretos e carbonetos (ou carbetos). Alguns exemplos são: a alumina (Al_2O_3), em que alumínio (Al) é metal e oxigênio (O) é não metal; e o cimento, o vidro e o sal (cloreto de sódio, NaCl). Outro exemplo é o carboneto de silício (SiC), representado na Figura 1.2 na forma de pó, em que o silício é semimetal e o carbono um não metal. São isolantes térmicos e elétricos, são mais resistentes ao calor e a ambientes agressivos, e são mais duros, porém frágeis.

Figura 1.2 – Pós de carboneto de silício.

No processo de fusão de muitos materiais metálicos, geralmente utilizam-se recipientes denominados cadinhos, feitos de alumina (Al_2O_3) ou de carboneto de silício (SiC). Esses materiais também são utilizados como abrasivos em rebolos de retificação, em que a alumina, por exemplo, é o material abrasivo mais utilizado para retificar aços e outras ligas ferrosas (ligas de alta resistência).

Outros exemplos de aplicações tecnológicas das cerâmicas consistem na sua utilização na indústria metal-mecânica, nas ferramentas cerâmicas; na indústria aeroespacial, na blindagem térmica das naves; na indústria bélica, na blindagem dos tanques de guerra; e na indústria nuclear, como combustível (dióxido de urânio – UO_2) de reatores de potência; e em aplicações mais comuns como vasos, pratos, garrafas etc.

Em termos de organização, os materiais cerâmicos são classificados em três tipos básicos: **cerâmicas tradicionais** – silicatos utilizados para produtos à base de argila, como peças cerâmicas de uso doméstico, e tijolos, abrasivos comuns e cimento; **cerâmicas avançadas** – cerâmicas de desenvolvimento mais recente, não baseadas em silicatos, mas em óxidos e carbonetos, e que, em geral, possuem propriedades mecânicas e físicas superiores, ou diferentes, quando comparadas com as cerâmicas tradicionais; e **vidros** – embasados principalmente na sílica (SiO_2) e que se distinguem das demais cerâmicas por sua estrutura não cristalina (amorfa). Em adição a essas três classes básicas, existem as **vitrocerâmicas** – vidros que foram, em grande parte, transformados em estruturas cristalinas por tratamento térmico.

1.2.3 Materiais poliméricos

Os materiais poliméricos são compostos orgânicos à base de C (carbono) e H (hidrogênio), que possuem estruturas moleculares grandes, que apresentam baixa massa específica (são leves) e que podem ser extremamente flexíveis. No Quadro 1.2 estão representados os tipos de polímeros quanto à sua origem, podendo ser naturais ou compostos orgânicos sintéticos.

Quadro 1.2 – Tipos de polímeros (quanto à origem)

Tipos	Exemplos
Naturais	Madeira – compósito celulose/lignina
	Borracha
	Tecidos
	Proteínas
	Enzimas – proteína com efeito catalítico (exemplo: fermento)
Sintéticos	Náilon
	Polietileno
	Acrílico
	Borracha

O polietileno (PE), o polipropileno (PP) e o poliestireno (PS) são exemplos de polímeros comuns, ou seja, que fazem parte do grupo dos polímeros mais consumidos, e que devido ao seu grande volume de produção e utilização são denominados *commodities*.

Os polímeros de engenharia são mais caros, porém oferecem propriedades superiores. O policarbonato (PC) e o polietileno tereftalato (PET) são apenas alguns exemplos. O PC pode substituir o vidro em algumas aplicações, e o PET é utilizado nas garrafas de refrigerantes, por exemplo.

Com o intuito de apresentar os polímeros do ponto de vista técnico, é conveniente dividi-los em termoplásticos, termorrígidos e elastômeros (borrachas).

- **Termoplásticos:** são materiais sólidos à temperatura ambiente, mas que se tornam líquidos viscosos quando aquecidos a temperaturas de apenas algumas centenas de graus. Essa característica permite que sejam facilmente transformados em produto final e com baixo custo. Os termoplásticos podem ser submetidos repetidamente a ciclos de aquecimento e resfriamento, sem apresentar degradação de forma significativa. Exemplos: polipropileno (PP), cloreto de polivinila (PVC), poliestireno (PS), polietileno tereftalato (PET) etc.

- **Termorrígidos:** são materiais poliméricos que não toleram ciclos repetidos de aquecimento e resfriamento, como os termoplásticos. Quando inicialmente aquecidos, eles amolecem e escoam, conformando-se, mas as temperaturas elevadas também promovem reações químicas que endurecem o material, tornando-o um sólido infusível. Se reaquecidos, os polímeros termorrígidos degradam-se e carbonizam-se em vez de amolecerem. Exemplos: baquelite (fenol-formaldeído), epóxis etc.

- **Elastômeros:** são polímeros que apresentam alongamento elástico extremo quando submetidos a tensões mecânicas relativamente baixas. Os elastômeros são comumente conhecidos como borrachas e podem ser de origem natural ou sintética. A borracha vulcanizada usada em pneus pode ser citada como exemplo de elastômero.

SAIBA MAIS!

Embora as propriedades dos elastômeros sejam bem diferentes das dos termorrígidos, eles partilham uma estrutura molecular semelhante e, portanto, diferente dos termoplásticos. De forma geral, os termorrígidos e os elastômeros fazem parte do grupo dos termofixos rígidos e flexíveis, respectivamente.

Entretanto, há os elastômeros termoplásticos que compreendem uma família de materiais que tem preenchido de forma parcial uma lacuna entre as borrachas tradicionais e os plásticos. Os elastômeros termoplásticos incluem subconjuntos com base em uretanos, poliésteres, polímeros estirênicos e oleofinas.

Para se aprofundar no tema, consulte: LOKENSGARD, E. **Plásticos industriais**: teorias e aplicações. São Paulo: Cengage Learning, 2013.

Uma das vantagens dos elastômeros termoplásticos é a facilidade de processamento em comparação aos termofixos flexíveis. O processamento dos materiais poliméricos é mais bem explicado no Capítulo 4, Item 4.3, que trata de tecnologia de manufatura.

1.2.4 Materiais semicondutores

Materiais semicondutores apresentam propriedades intermediárias entre condutores e isolantes. São muito influenciados por pequena quantidade de impurezas. O germânio (Ge), o silício (Si) e o arsenieto de gálio (GaAs) são exemplos desse tipo de material de engenharia. Especificamente, o silício serve como matéria-prima na fabricação de circuitos integrados, que revolucionaram a indústria eletrônica. A Figura 1.3 mostra uma fina fatia de material semicondutor denominada *wafer* ou bolacha de silício, que é utilizada na fabricação de microcircuitos para circuitos integrados.

Figura 1.3 – Wafer de silício.

1.2.5 Materiais compósitos

Materiais compósitos são formados por dois ou mais materiais individuais (ou fases), permitindo a combinação das propriedades de cada um deles. Esses materiais sempre formam misturas heterogêneas (nunca homogêneas).

As fases que constituem um material compósito podem ser identificadas por uma fase contínua (matriz) e uma fase dispersa contínua ou não denominada de reforço ou modificador. A matriz é o material responsável por conferir a estrutura do compósito, enquanto o reforço é responsável por realçar alguma das propriedades desejadas no compósito. Um exemplo é o plástico reforçado com fibra de vidro (Figura 1.4a), unindo, dessa forma, polímero e cerâmica, e combinando a flexibilidade do polímero com a resistência mecânica do material cerâmico.

Como exemplos de materiais de matriz para compósitos, pode-se citar os metais, os polímeros e as cerâmicas. Além da fibra de vidro; outros exemplos de materiais de reforço para compósitos são a fibra de carbono (Figura 1.4b), a fibra de Kevlar (fibra sintética de aramida). A madeira é um compósito natural constituído de dois polímeros: lignina e celulose. Os materiais compósitos são também conhecidos como **materiais compostos**.

(a)

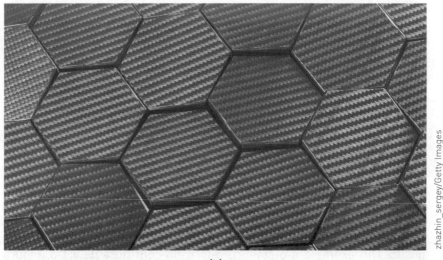

(b)

Figura 1.4 – (a) Fibra de vidro; (b) fibra de carbono.

Com exceção da madeira, em geral, trata-se de materiais que combinam elevada capacidade de suportar cargas ou esforços e baixa massa específica, ou seja, são leves e resistentes; porém, ainda apresentam custos elevados de fabricação em relação aos metais, por exemplo, e valores altos no mercado de materiais, fatos que os limitam a aplicações específicas que viabilizem esses custos, como automóveis de alto desempenho e aeronaves, por exemplo.

A indústria aeronáutica utiliza na fuselagem das aeronaves cada vez mais materiais compósitos de dois ou mais tipos de materiais diferentes, o que as tornam mais leves e reduz seu consumo de combustível. A indústria automobilística beneficia-se dessa tecnologia na construção de chassis de veículos leves para melhora de desempenho, em função da redução de massa gerada. Outro exemplo de aplicação tecnológica dos materiais compósitos é a utilização da fibra de carbono na construção civil, em estruturas de concreto para aumentar sua resistência e reduzir massa.

1.2.6 Biomateriais

Os biomateriais são materiais que devem propiciar compatibilidade com o corpo humano, portanto, não devem ser tóxicos nem magnéticos. Esses materiais podem ser materiais metálicos, por exemplo, a liga de titânio empregada em implantes e a liga de níquel utilizada nos fios metálicos dos aparelhos ortodônticos. Podem ser cerâmicas, como a alumina presente nos implantes dentários, que podem ser fabricados por aplicação de tecnologias como desenho e manufatura assistidos por computador (CAD – *Computer-Aided Design* e CAM – *Computer-Aided Manufacturing*, respectivamente). Na Figura 1.5 são mostrados exemplos de cerâmica (alumina) e metal (titânio) utilizados em implantes dentários.

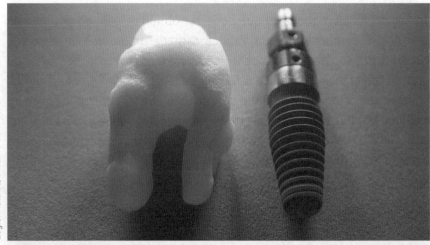

Figura 1.5 – Alumina e titânio empregados em implantes dentários.

Deve-se ressaltar que o comportamento mecânico similar ao dos materiais biológicos (ossos e tecidos, por exemplo) é requisito necessário para os biomateriais. Por exemplo, o PEEK, poli(éter-éter-cetona) é um termoplástico usado na fabricação de implantes para a coluna cervical, pois apresenta as propriedades mecânicas necessárias, além de não ser tóxico nem magnético.

1.3 Ligações químicas

Os materiais são substâncias formadas por átomos unidos por meio das ligações químicas. A natureza das ligações entre os átomos determina as propriedades dos materiais e, consequentemente, as aplicações em que os materiais serão utilizados. A classificação dos materiais está relacionada às ligações atômicas, que podem ser primárias ou secundárias.

A nanotecnologia é um ótimo exemplo, que demonstra que a capacidade de criar coisas a partir de dimensões próximas às dos átomos propicia ganhos em termos de desempenho (velocidade, resistência etc.) em áreas como mecatrônica e computação, por exemplo. Essa tecnologia compreende o conceito de realizar ciência e engenharia em nanoescala, faixa que se inicia em 1 nm e vai até 100 nm, ressaltando que 1 nm = 10^{-9} m ou um milionésimo de milímetro (10^{-6} mm). O estudo do grafeno é um exemplo de nanotecnologia aplicada na área de materiais, evidenciando a importância do conhecimento do átomo, pois se trabalha com dimensões próximas.

O grafeno é um material que pode ser obtido do gás, do grafite e do petróleo. É composto por uma única camada de átomos de carbono. Na prática, assume a forma de uma lâmina transparente, combinando grande resistência mecânica e flexibilidade. O grafeno é capaz, ainda, de conduzir calor e eletricidade com mais eficiência do que o cobre ou o silício. Em função disso, esse material pode ser aplicado em baterias, estruturas civis, aeronaves, automóveis, construção de aparelhos eletrônicos e outras.

1.3.1 Ligações primárias (ligações fortes)

As ligações primárias são abalizadas na transferência ou no compartilhamento de elétrons, gerando atração forte entre os átomos. São elas: ligações iônicas, ligações covalentes e ligações metálicas.

As **ligações iônicas** ocorrem entre íons negativos (ânions) e positivos (cátions), requerendo transferência de elétrons. Há grande diferença na eletronegatividade requerida. A Figura 1.6 representa a transferência de elétron entre o lítio e o flúor, em que o átomo de lítio é o cátion, pois cede o elétron, e o flúor o recebe, sendo o ânion na ligação química que gera o fluoreto de lítio. Essas ligações predominam em materiais sólidos como o óxido de alumínio ou alumina (Al_2O_3).

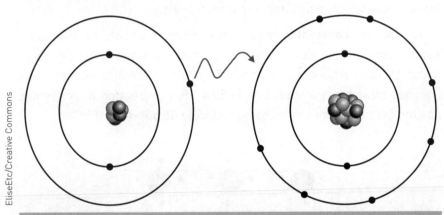

Figura 1.6 – Diagrama de transferência de elétron entre lítio e flúor.

No caso da alumina (Al_2O_3), o átomo de oxigênio (O) precisa adquirir dois elétrons e o átomo de alumínio precisa perder três elétrons para formar o composto e adquirir uma configuração estável, pois, de forma isolada, o alumínio e o oxigênio são instáveis.

Outros exemplos de cerâmicas em que predominam as ligações iônicas são o óxido de magnésio (magnésia – MgO), o óxido de zircônio (zirconita – ZrO_2) e o sal (cloreto de sódio – NaCl).

Na Figura 1.7 é mostrado o mecanismo de fratura que ocorre em materiais cerâmicos formados por ligações iônicas. Durante a aplicação de carga por meio de martelo, os íons de mesma carga ficam emparelhados, o que propicia repulsão entre eles. Dessa forma, o material se rompe, o que explica o comportamento frágil (quebradiço) do material cerâmico.

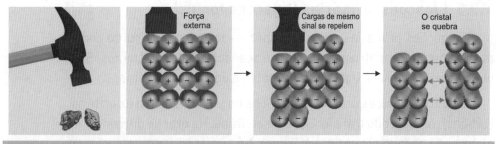

Figura 1.7 – Mecanismo de fratura de sólidos iônicos. O golpe do martelo fará com que íons semelhantes se emparelhem, gerando forças de repulsão intensas que podem levar a fratura do material.

Em função das ligações atômicas presentes, os materiais cerâmicos são isolantes térmicos e elétricos, são resistentes ao calor e a ambientes agressivos, e são duros, porém frágeis.

As **ligações covalentes** requerem compartilhamento de elétrons e são ligações fortes. Essas ligações predominam em materiais cerâmicos como o carboneto de silício (SiC), no silício (semicondutor), cujas ligações estão representadas na Figura 1.8, e entre átomos presentes nas moléculas de polímeros como o cloreto de polivinila (PVC).

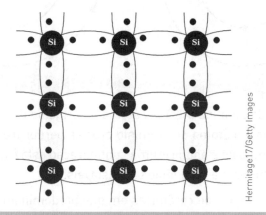

Figura 1.8 – Ligações covalentes no silício (Si).

O nitreto de silício e o nitreto de boro são materiais duros e são outros exemplos de cerâmicas com caráter covalente predominante nas ligações atômicas.

As ligações covalentes ocorrem também em materiais semicondutores, como o próprio silício (Si), e entre os átomos de hidrogênio (H) e carbono (C) presentes nos materiais poliméricos, tal como o polietileno

(Figura 1.9). Outro exemplo de bastante destaque é o diamante, substância de carbono, em que o átomo de carbono compartilha elétrons com outros átomos de carbono para a formação desse material.

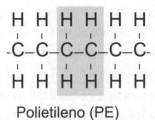

Polietileno (PE)

Figura 1.9 – Exemplos de ligações covalentes no polietileno (PE). Em destaque, a unidade que se repete (o mero).

As **ligações metálicas** são as ligações químicas primárias presentes nos metais e em suas ligas. Nesse caso, temos os íons positivos (cátions) envoltos por elétrons que formam a "nuvem" ou o "mar" de elétrons, pois a última camada possui 1, 2 ou até 3 elétrons livres, que se movimentam para as últimas camadas de outros átomos. As ligações metálicas estão representadas na Figura 1.10.

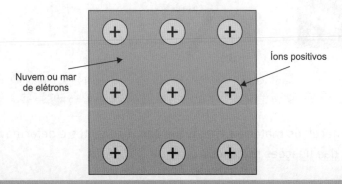

Figura 1.10 – Ligações metálicas.

Os materiais metálicos apresentam peculiaridades, como as próprias ligações atômicas que predominam na sua constituição. A condutividade térmica, a condutividade elétrica e a opacidade são propriedades que caracterizam um metal, e são decorrentes da existência da nuvem de elétrons.

Quanto menor for o número de elétrons de valência do átomo metálico, maior será a predominância da ligação metálica. Por exemplo, o sódio, o potássio, o cobre, a prata e o ouro têm caráter metálico muito forte. Eles apresentam condutividades elétrica e térmica elevadas.

Já os metais de transição, que apresentam elevado número de elétrons de valência nos seus átomos, como níquel, ferro, tungstênio e vanádio, apresentam uma parcela apreciável de ligações covalentes. Isso explica as suas piores condutividades térmica e elétrica, assim como suas maiores resistências mecânicas e maiores pontos de fusão, pois nesses casos a ligação metálica é reforçada pela ligação covalente.

Na Figura 1.11 é mostrado o comportamento mecânico que ocorre em metais puros. Durante a aplicação de carga ou força externa por meio de martelo, os íons no metal deslizam uns sobre os outros, permitindo que o metal se deforme. Assim, o material metálico muda de forma, mas não se rompe (Figura 1.11a), o que explica o comportamento maleável do material.

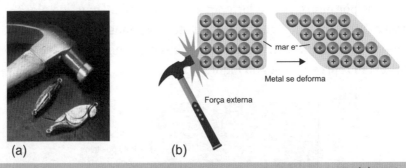

Figura 1.11 – (a) O comportamento de metais sólidos durante a deformação; (b) o golpe do martelo forçará os cátions a deslizar uns sobre os outros, gerando grande maleabilidade.

Em geral, os materiais metálicos são resistentes e deformáveis em função das ligações metálicas.

1.3.2 Ligações secundárias (ligações fracas)

As ligações secundárias não são baseadas na transferência ou no compartilhamento de elétrons, gerando atração fraca entre os átomos. Elas são denominadas ligações de Van der Waals e surgem por meio da interação entre dipolos.

As ligações primárias envolvem forças atrativas entre os átomos, já as ligações secundárias envolvem forças de atração entre moléculas (ou intermoleculares). Conforme mostrado na Figura 1.12, as ligações secundárias ocorrem entre as cadeias moleculares que formam os materiais poliméricos como o polietileno (PE), por exemplo.

Figura 1.12 – Ligação secundária em materiais poliméricos.

Na Figura 1.13, temos representado o mecanismo de fratura que ocorre em materiais poliméricos, por exemplo, cloreto de polivinila (PVC). Durante a aplicação de carga ou força externa, as ligações secundárias (forças de Van der Waals) entre as moléculas se rompem, após o deslocamento das moléculas na direção do sentido de aplicação da força. Isso ocorre porque as ligações secundárias são mais fracas do que as ligações covalentes existentes entre os átomos de hidrogênio, carbono e cloro, que formam as moléculas do polímero considerado. Vale ressaltar que o PVC é um termoplástico, que apresenta cadeias moleculares desconectadas.

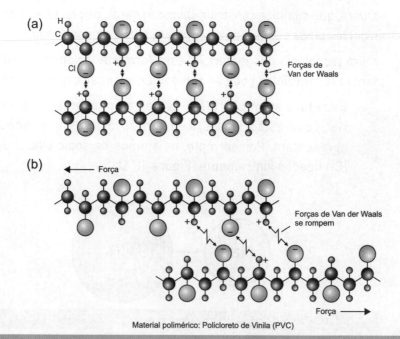

Figura 1.13 – Ligações secundárias: (a) sem aplicação de força; (b) com aplicação de força em material polimérico (PVC).

Materiais de Engenharia

Esse fenômeno que ocorre com os materiais poliméricos explica por que o PVC é menos resistente do que o aço, mesmo com as ligações covalentes (presentes no PVC) que podem ser mais fortes do que as ligações metálicas que estão no aço. As ligações secundárias são rompidas e não as covalentes.

ATENÇÃO!

No caso dos materiais compósitos e dos biomateriais, as ligações atômicas predominantes em suas respectivas composições dependerão dos materiais envolvidos na sua estrutura.

Deve-se lembrar de que materiais compósitos são formados por mais de um material, podendo ser formados por dois polímeros (madeira, por exemplo), por material cerâmico e polimérico (fibra de vidro com resina poliéster, por exemplo) etc., enquanto os biomateriais podem ser materiais metálicos, cerâmicos ou poliméricos. Ou seja, em ambos os casos as ligações atômicas presentes dependerão dos materiais envolvidos.

1.4 Estruturas

A palavra estrutura vem do latim *structura*, derivada do verbo *struere*, que significa construir. De modo geral, refere-se à forma como as partes ou os elementos se agregam para compor o todo.

Em tecnologia dos materiais, essa forma de aglomeração dos elementos constituintes pode se apresentar em quatro níveis distintos:

- **Estrutura atômica:** refere-se aos átomos presentes no material, como estão ligados, e em função disso as propriedades que apresentam. Por exemplo, os átomos de sódio (Na) e de cloro (Cl) ligados ionicamente (Figura 1.14).

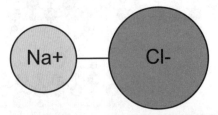

Figura 1.14 – Átomos de sódio e de cloro ligados ionicamente.

» **Arranjo atômico:** refere-se à forma como os átomos estão arranjados uns em relação aos outros. Por exemplo, o arranjo atômico gerado no NaCl (cloreto de sódio), conforme Figura 1.15.

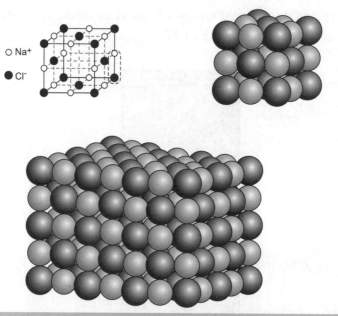

Figura 1.15 – Arranjo atômico do NaCl, considerando os átomos como esferas rígidas.

» **Microestrutura:** o sequenciamento dos cristais gerado pelos dois níveis anteriores, porém ainda é muito pequeno para ser observado visualmente. Por exemplo, a microestrutura de aço baixo carbono representada na Figura 1.16.

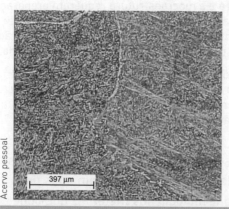

Figura 1.16 – Microestrutura de aço baixo carbono com aumento de 32 vezes.

Materiais de Engenharia

» **Macroestrutura:** compreende a forma como as microestruturas se organizam para compor o material, podendo ser visíveis a olho nu ou com aumento óptico máximo de 10 vezes (visível com auxílio de lupa ou de microscópio óptico). Por exemplo, a macroestrutura de liga de alumínio em estado bruto de fusão, representada em escala natural na Figura 1.17.

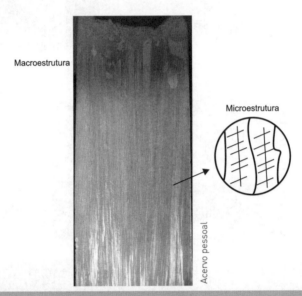

Figura 1.17 – Macroestrutura de liga de alumínio em estado bruto de fusão, com aumento de 1 vez.

ATENÇÃO!

A microestrutura e a macroestrutura requerem preparação da superfície do material a ser analisado e, geralmente, a utilização de ataque por meio de reagentes químicos para posterior visualização da estrutura resultante, independentemente do aumento considerado.

No caso de peças ou componentes soldados, consideram-se aumentos superiores a 10 vezes como macroestrutura, em que, com o auxílio de lupa ou de microscópio óptico, consegue-se observar a estrutura resultante dos grãos.

É importante salientar que, nos quatro níveis apresentados, a estrutura resultante do material influencia em suas propriedades. Há uma relação linear em tecnologia dos materiais que pode ser representada da seguinte forma:

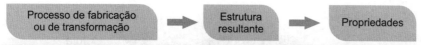

Figura 1.18 – Relação linear entre processo de fabricação ou de transformação, estrutura resultante e propriedades dos materiais.

Isso leva à compreensão de que o processo de fabricação ou de transformação utilizado influenciará na estrutura resultante do material, e consequentemente em suas propriedades.

1.4.1 Material cristalino e não cristalino (amorfo)

Os materiais de engenharia são gerados por meio de ligações atômicas. Admitindo-se que os átomos sejam esferas rígidas e que se unam para compor os materiais, a forma como esse arranjo atômico se apresentar compreenderá um novo nível em termos de estrutura. Ou seja, estudamos os materiais em nível de ligações atômicas (estrutura atômica) e, agora, estudaremos a estrutura em nível de **arranjo atômico**.

As propriedades dos materiais dependem dos átomos presentes, das ligações entre os átomos e do arranjo tridimensional de átomos no material. Em relação ao arranjo atômico, o material pode ser definido como cristalino ou não cristalino (amorfo).

O **material cristalino** é um material no qual os átomos estão posicionados em um arranjo periódico ou repetitivo ao longo de grandes distâncias atômicas, o que significa que estão organizados em longo alcance. Nesse caso, quando ocorre a solidificação do material, os átomos se posicionarão em um padrão tridimensional repetitivo, no qual cada átomo está ligado aos seus átomos vizinhos mais próximos. A maior parte dos metais, muitas cerâmicas e certos polímeros formam estruturas cristalinas durante o processo de solidificação.

O sólido composto por átomos organizados de forma periódica no espaço e nas três dimensões é denominado **cristal**. O arranjo atômico descreve a disposição dos cristais em um nível invisível a olho nu.

Os fundamentos de estrutura cristalina são representados em termos de célula unitária, que é a sua unidade estrutural básica. Na Figura 1.19 é apresentado o cristal com os átomos organizados periodicamente, de maneira tridimensional, e sua respectiva célula unitária.

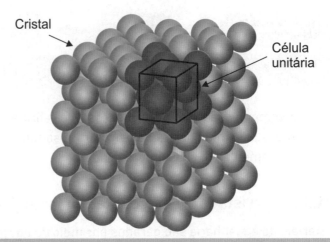

Figura 1.19 – Cristal e célula unitária de uma estrutura cristalina.

Por meio da Figura 1.19, percebe-se que o arranjo atômico que gera a célula unitária se estende para baixo, para o lado, para trás e também se estenderia para cima, para a frente e para o outro lado se houvesse mais átomos na figura, mantendo, dessa forma, sempre a mesma orientação e crescendo como um cristal individual.

O **material amorfo** possui uma estrutura não cristalina. São materiais cuja ordem alcança apenas os átomos vizinhos mais próximos, e são desordenados, considerando grandes distâncias atômicas. Material **amorfo** é um material sem forma (**a** é um prefixo que significa negação, e **morfo** significa forma). Alguns sólidos são amorfos, como os vidros e as resinas termorrígidas, por exemplo, em ambos os casos dependendo do processo de fabricação ou de transformação utilizado.

Em materiais, principalmente para metais e ligas metálicas, os dois estados mais comuns para as aplicações tecnológicas são o líquido e o sólido, pois muitos produtos são obtidos por meio de processos que envolvem solidificação (fundição, por exemplo). A solidificação é a transformação do estado líquido para o estado sólido – provavelmente, o processo de transformação de fases mais importante em tecnologia dos materiais.

SAIBA MAIS!

Há materiais poliméricos que apresentam regiões cristalinas em uma matriz amorfa. Estes são denominados semicristalinos (Figura 1.20).

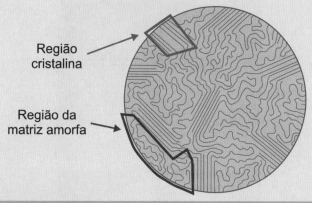

Figura 1.20 – Material semicristalino com regiões cristalinas em uma matriz amorfa.

Para obter mais informações sobre o tema, consulte: CALLISTER JR., W. D.; RETHWISCH, D. G. **Fundamentos da ciência e engenharia de materiais**: uma abordagem integrada. 4. ed. Rio de Janeiro: LTC, 2014.

A principal diferença entre os dois estados é a variação na fluidez: o líquido (Figura 1.21a) apresenta volume definido, mas baixa resistência ao cisalhamento, adquirindo, desse modo, a forma do recipiente que o contém, o molde no caso da fundição. Já o sólido (Figura 1.21b) apresenta forma e volume definidos, além de propriedades mecânicas finitas.

A estrutura dos sólidos é razoavelmente conhecida, o que não ocorre com os líquidos (estrutura amorfa). Os átomos nos sólidos podem ser arranjados de modo a formar uma ordem de longo alcance, pois vibram em torno de sua posição de equilíbrio eletrônico. Nos líquidos, ocorre o oposto, pois possuem maior energia cinética e intenso movimento atômico.

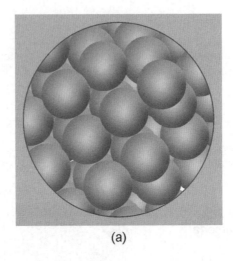

(a)

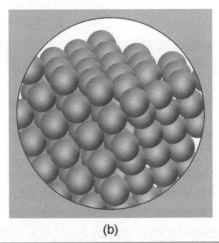

(b)

Figura 1.21 – Material nos estados: (a) líquido (amorfo); (b) sólido (estrutura cristalina).

1.4.2 Sistemas e redes cristalinas

Em um material sólido, a estrutura cristalina define o tamanho, a forma e o arranjo dos átomos em uma rede tridimensional.

Na estrutura cristalina, as posições definidas, nas quais átomos ou cátions (no caso de metais e ligas metálicas) são mantidos, podem ser associadas a figuras geométricas simples. Isto é, admitindo-se que os átomos sejam esferas e que ocupem as posições de átomos ou cátions, obtêm-se figuras geométricas simples pela união dos pontos, que definem essas posições por meio de segmentos de retas.

O arranjo tridimensional ordenado de átomos em sólidos é denominado **reticulado cristalino**. Em cada reticulado cristalino, pode ser isolado um conjunto de pontos que constituem a unidade estrutural do reticulado; trata-se da célula unitária, conforme mostra a Figura 1.22.

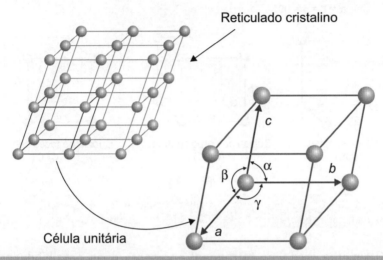

Figura 1.22 – Reticulado cristalino e sua respectiva célula unitária.

A **célula unitária** é a menor subdivisão de uma rede, que retém as características básicas dessa rede, ou seja, define-se a estrutura cristalina por meio da sua geometria e das posições dos átomos em seu interior.

A geometria da célula unitária (Figura 1.22) é definida pelos **parâmetros de rede cristalina**, que são os comprimentos ou as dimensões axiais da célula unitária (a, b e c), e os ângulos entre os comprimentos axiais α, β e γ, denominados **ângulos interaxiais**.

Os sistemas cristalinos são as sete formas únicas de célula unitária para preencher o espaço tridimensional, que são: cúbico, tetragonal, hexagonal, ortorrômbico, romboédrico, monoclínico e triclínico.

Esses sistemas cristalinos geram 14 possibilidades, em função da forma como os átomos podem ser empilhados juntos dentro de uma célula unitária; trata-se das **14 redes de Bravais**.

As redes de Bravais são esqueletos sobre os quais a estrutura cristalina é construída, colocando-se átomos ou grupos de átomos. Essas redes serão descritas a seguir. As possibilidades de redes de Bravais em cada sistema cristalinos estão representadas nas Figuras 1.23 a 1.29.

O sistema cristalino **cúbico** apresenta três possibilidades de redes de Bravais:

Parâmetros de rede cristalina:
- → a = b = c
- → α = β = γ = 90°

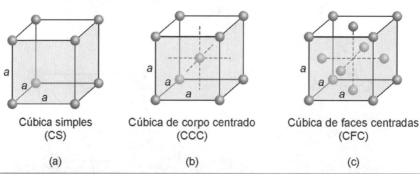

Cúbica simples (CS) (a)   Cúbica de corpo centrado (CCC) (b)   Cúbica de faces centradas (CFC) (c)

Figura 1.23 – Células unitárias de estruturas cristalinas: (a) cúbica simples (CS); (b) cúbica de corpo centrado (CCC); (c) cúbica de faces centradas (CFC).

O sistema cristalino **tetragonal** apresenta duas possibilidades de redes de Bravais:

Parâmetros de rede cristalina:
- → a = b = c
- → α = β = γ = 90°

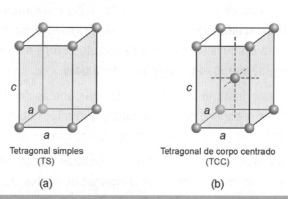

Tetragonal simples (TS) (a)   Tetragonal de corpo centrado (TCC) (b)

Figura 1.24 – Células unitárias de estruturas cristalinas: (a) tetragonal simples (TS); (b) tetragonal de corpo centrado (TCC).

O sistema cristalino **hexagonal** apresenta uma possibilidade de rede de Bravais:

Parâmetros de rede cristalina:

→ a = b ≠ c
→ α = β = 90°, γ = 120°

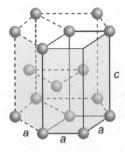

Hexagonal compacta
(HC)

Figura 1.25 – Célula unitária de estrutura cristalina hexagonal compacta.

O sistema cristalino **ortorrômbico** apresenta quatro possibilidades de redes de Bravais:

Parâmetros de rede cristalina:

→ a ≠ b ≠ c
→ α = β = γ = 90°

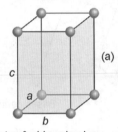

(a)

Ortorrômbica simples
(OS)

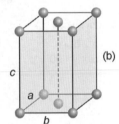

(b)

Ortorrômbica de bases centradas
(OBC)

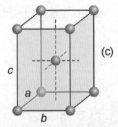

(c)

Ortorrômbica de corpo centrado
(OCC)

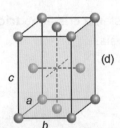

(d)

Ortorrômbica de fases centradas
(OFC)

Figura 1.26 – Células unitárias de estruturas cristalinas: (a) ortorrômbica simples (OS); (b) ortorrômbica de bases centradas (OBC); (c) ortorrômbica de corpo centrado (OCC); (d) ortorrômbica de faces centradas (OFC).

Materiais de Engenharia

O sistema cristalino **romboédrico** apresenta uma possibilidade de rede de Bravais:

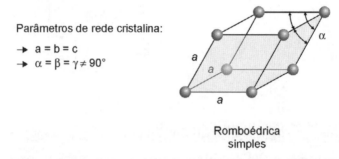

Figura 1.27 – Célula unitária de estrutura cristalina romboédrica simples.

O sistema cristalino **monoclínico** apresenta duas possibilidades de rede de Bravais:

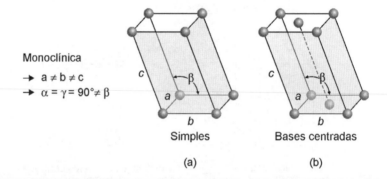

Figura 1.28 – Células unitárias de estruturas cristalinas: (a) monoclínica simples; (b) monoclínica de bases centradas.

O sistema cristalino **triclínico** apresenta uma possibilidade de rede de Bravais:

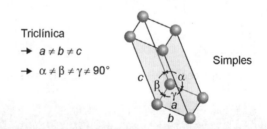

Figura 1.29 – Célula unitária de estrutura cristalina triclínica simples.

1.4.3 Estruturas cristalinas dos materiais de engenharia

Em relação aos materiais de engenharia, metais e cerâmicas geralmente são feitos de muito pequenos grãos, ou cristais. No caso dos metais, ao se solidificar, a maior parte desses materiais (cerca de 90%) cristaliza-se, organizando-se em pequenos núcleos sólidos, conforme sua estrutura cristalina. Os tipos principais de agrupamentos organizados de átomos que ocorrem nos metais apresentam células unitárias cúbica de corpo centrado (CCC), cúbica de faces centradas (CFC) e hexagonal compacta (HC), representados na Figura 1.30.

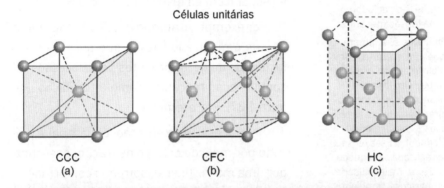

Figura 1.30 – Células unitárias das três principais estruturas cristalinas dos metais: (a) CCC – cúbica de corpo centrado; (b) CFC – cúbica de faces centradas; (c) HC – hexagonal compacta.

No Quadro 1.3 são apresentadas as células unitárias de alguns metais em condições de temperatura ambiente (em torno de 20 °C), e de pressão ambiente (p = 1 atm).

Quadro 1.3 – Células unitárias de alguns metais em condições de temperatura ambiente e de pressão ambiente

Metal	Célula unitária
Alumínio (Al)	CFC
Cobre (Cu)	CFC
Chumbo (Pb)	CFC
Ferro (Fe)	CCC
Magnésio (Mg)	HC
Titânio (Ti)	HC

Fonte: adaptado de Callister e Rethwisch (2014).

> **Ductilidade e maleabilidade** são propriedades mecânicas dos materiais, isto é, compreendem a forma como o material se comporta quando exposto a esforços ou a cargas (Capítulo 2).
>
> **Ductilidade** é a capacidade do material de deformar-se plasticamente sem se romper. Deformação plástica é a propriedade de um material mudar de modo permanente, ao ser submetido a uma tensão mecânica.
>
> **Maleabilidade** é a propriedade que um material tem de se deformar sob pressão ou choque. Um material é maleável quando, sob tensão, não sofre rupturas ou fortes alterações na estrutura (endurecimento). Essa tensão pode ser aplicada por aquecimento. Se a maleabilidade em temperatura ambiente é muito grande, o material é chamado plástico.

O tipo de estrutura cristalina influencia várias propriedades, mas principalmente a capacidade de se deformar (ductilidade), de ser maleável (de mudar de forma), que em muitos casos é uma vantagem por facilitar os processos tecnológicos de conformação mecânica. Assim, os metais que se solidificam em estruturas CFC são melhores para aplicação em processos de conformação por deformação plástica, pois são mais dúcteis do que os que se solidificam em estruturas CCC e HC.

Por exemplo, o alumínio (CFC) é mais dúctil do que o magnésio (HC), o que permite mais facilidade de gerar produtos por processos de conformação mecânica como a trefilação (Figura 1.31), por exemplo.

No processo de trefilação, o material é puxado por meio de esforço de tração, passando por uma matriz (fieira), sofrendo conformação mecânica por deformação plástica. Esse processo é utilizado para fabricar fios metálicos, por exemplo.

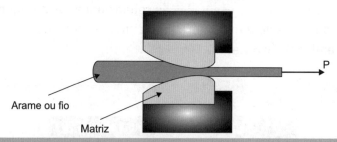

Figura 1.31 – Carga (P) de tração no processo de trefilação.

É comum se deparar com estruturas cúbicas no caso de cerâmicas. O diamante, cuja estrutura cristalina é mostrada na Figura 1.32, trata-se da cerâmica mais dura de todas, e apresenta estrutura cúbica de faces centradas. Além da elevada dureza, outra propriedade interessante do diamante é a baixa massa específica, fruto do distanciamento dos átomos de carbono que o constituem.

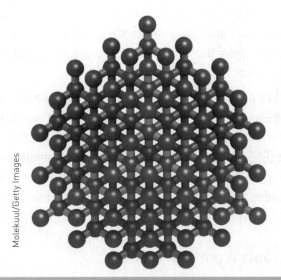

Figura 1.32 – Estrutura cristalina do diamante.

O carboneto de silício também é muito duro e apresenta estrutura cristalina semelhante à do diamante. No caso do diamante, trata-se de uma substância de carbono; já o carboneto de silício (SiC) apresenta uma estrutura com metade dos átomos de carbono substituída por silício. Silício e germânio, importantes para a tecnologia de semicondutores, também apresentam estruturas semelhantes à do diamante.

No caso do sal cloreto de sódio (NaCl), representado na Figura 1.31, os átomos de cloro (ânions) são maiores do que os átomos de sódio (cátions) e predominam na definição da estrutura cristalina deste sólido iônico.

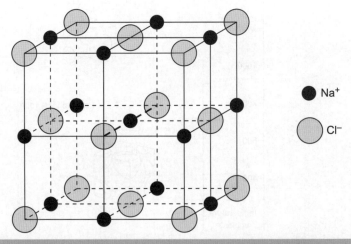

Figura 1.33 – Estrutura cristalina CFC do cloreto de sódio (NaCl).

Materiais de Engenharia

Na alumina (Al_2O_3), os íons de oxigênio são maiores do que os do alumínio e estão compactados adotando a estrutura hexagonal compacta (HC). A alumina é um óxido com estrutura do coríndon, sendo um material muito duro.

No caso dos polímeros, muitos deles se cristalizam. Nesse caso, as longas cadeias alinham-se e compactam-se, dando uma estrutura ordenada e repetitiva, que é característica de cristal. Por exemplo, o polipropileno (PP) apresenta estrutura cristalina monoclínica; o polietileno tereftalato (PET), triclínica; e o polietileno (PE), ortorrômbica. Os polímeros citados apresentam dureza e resistência mecânica inferiores aos metais e cerâmicas.

1.4.4 Alotropia e polimorfismo

Alguns metais são submetidos à mudança de estrutura em temperaturas diferentes. O ferro apresenta mudança de estruturas cristalinas em determinadas condições de aquecimento e de resfriamento (alteração de temperatura), à pressão constante de 1 atm, pressão ambiente. Tal fenômeno é denominado **alotropia** e está representado na Figura 1.25.

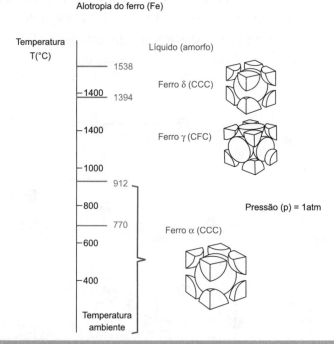

Figura 1.34 – Alotropia do ferro (Fe).

Alotropia ocorre em elemento químico com composição química inalterada, o qual, alterando-se pressão externa **(p)** e/ou a temperatura **(T)**, apresenta estrutura cristalina diferente e, consequentemente, mudança de propriedades.

No exemplo do ferro puro, considerando condição de aquecimento, até 770 °C ele é magnético e até 912 °C apresenta estrutura CCC, de 912 °C até 1.394 °C, estrutura CFC, de 1.394 °C até 1.538 °C volta a apresentar estrutura CCC, e a partir de 1.538 °C atinge a temperatura de fusão, tornando-se possível a transformação em líquido (amorfo).

Outra propriedade que muda é a massa específica, que é a relação entre massa e volume, ou seja, determina se o material é mais leve ou não. Considerando o resfriamento do ferro, partindo da condição de líquido (amorfo), ao atingir temperatura inferior a 1.538 °C se solidifica com estrutura CCC, ocorrendo contração do material e aumento de massa específica. A partir de 1.394 °C, inicia-se a transformação para estrutura CFC e contrai-se ainda mais, aumentando, dessa forma, a massa específica. Abaixo de 912 °C, retorna à condição de CCC, o que propicia expansão da estrutura e consequente redução de massa específica.

Uma aplicação tecnológica em que podemos visualizar a importância do conhecimento da alotropia do ferro está no lingotamento contínuo do aço, que consiste em vazar metal líquido continuamente dentro de um tubo vertical (molde) para que ocorra a solidificação do material. Nesse caso, é conveniente a saída do material do molde durante o resfriamento antes da mudança de CFC para CCC, caso contrário, a expansão da estrutura ocasionará esforços (tensões) devido ao contato do material com as paredes do molde, o que é prejudicial.

Além do ferro, há outros elementos metálicos que apresentam transformações alotrópicas. No Quadro 1.4 são apresentadas formas cristalinas de alguns metais.

Quadro 1.4 – Formas alotrópicas de alguns metais

Metal	Estrutura cristalina em temperatura ambiente	Demais Temperaturas
Cálcio (Ca)	CFC	CCC (>447 °C)
Cobalto (Co)	HC	CFC (>427 °C)
Háfnio (Hf)	HC	CCC (>1742 °C)
Ferro (Fe)	CCC	CFC (912–1.394 °C) CCC (>1.394 °C)
Titânio (Ti)	HC	CCC (>883 °C)

Fonte: adaptado de Smith e Hashemi (2012).

Materiais de Engenharia

As transformações alotrópicas resultam em mudanças nas propriedades dos materiais e formam a base para o tratamento térmico dos aços e de outras ligas metálicas.

Polimorfismo é o termo utilizado para compostos químicos que, diante de alteração de pressão externa e/ou temperatura, apresentam estrutura cristalina diferente para a mesma composição química. Por exemplo, SiO_2 (quartzo α = trigonal) e SiO_2 (quartzo β = hexagonal).

SAIBA MAIS!

A maior parte dos materiais de engenharia, que é constituída por cristais, é **policristalina**, formada por muitos cristais. Entretanto, há materiais **monocristalinos**, que são constituídos por um único cristal (monocristal). Monocristais são importantes em aplicações que exigem resistência em elevadas temperaturas, como em palhetas de turbina, por exemplo. Acima da metade do ponto de fusão, os contornos de grãos dos materiais policristalinos tornam-se mais vulneráveis do que sua própria estrutura.

Outro exemplo de aplicação inclui os monocristais de silício, que são fatiados em forma de "bolachas" para formar componentes eletrônicos em circuitos integrados. Nesse caso, os contornos de grãos de materiais policristalinos podem prejudicar o fluxo de elétrons em componentes eletrônicos.

Para saber mais sobre o tema, consulte: GROOVER, M. P. **Fundamentos da moderna manufatura**. v. 1/2. 5. ed. Rio de Janeiro: LTC, 2017.

1.5 Imperfeições ou defeitos cristalinos em materiais

Antes de iniciar a contextualização do tema imperfeições em sólidos, é pertinente analisar as seguintes questões.

Por que é benéfico adicionar elementos de liga aos metais, saindo da condição de elementos teoricamente puros (de hipoteticamente cristais perfeitos)? Por que os materiais metálicos sofrem deformação plástica e podem ser conformados? Por que ocorre a fragilização por hidrogênio em materiais metálicos? Por que é necessária a utilização de atmosfera controlada em determinados processos?

O conhecimento sobre as imperfeições cristalinas auxiliará a responder essas e outras questões pertinentes a aplicações tecnológicas que envolvam a necessidade de minimizar os defeitos cristalinos, ou, curiosamente, a necessidade de introduzi-los para incremento de propriedades desejadas para o material. Isso significa que as imperfeições cristalinas não são exclusivamente prejudiciais aos materiais metálicos.

Os **defeitos cristalinos** são imperfeições que ocorrem no arranjo periódico regular dos átomos em um cristal. Podem envolver irregularidades na posição dos átomos e no tipo de átomos envolvidos. O tipo e o número de defeitos dependem do material, do histórico de processamento e do ambiente considerado.

Por meio da introdução de defeitos, controlando o número e o arranjo destes, é possível desenvolver novos materiais com as características desejadas. A introdução dos elementos de liga em um material metálico para obtenção de melhoria de determinadas propriedades como resistência mecânica é um exemplo.

Os cristais reais apresentam inúmeros defeitos, classificados por sua geometria e dimensionalidade. Os defeitos cristalinos podem ser: pontuais, lineares, planares e volumétricos.

1.5.1 Defeitos pontuais

Os defeitos pontuais compreendem imperfeições puntiformes e estão associadas a uma ou duas posições atômicas.

São formados durante a solidificação do cristal, como resultado do deslocamento dos átomos de suas respectivas posições. Na Figura 1.34 são mostrados os defeitos pontuais, que são: vacância ou lacuna, átomo autointersticial, impureza intersticial e impureza substitucional.

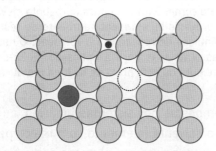

○ **Vacância ou lacuna:** ausência de átomo.

● **Autointersticial:** átomo da própria rede ocupando um interstício.

• **Impureza intersticial:** átomo diferente ocupando um interstício.

● **Impureza substitucional:** átomo diferente ocupando uma vacância.

Figura 1.35 – Tipos de defeitos cristalinos pontuais.

> A **cementação** é um processo utilizado para aumentar a resistência mecânica superficial e manter o núcleo tenaz de peças ou ferramentas como moldes e matrizes, por meio do incremento do teor de carbono na superfície do aço (material utilizado). As lacunas ou vacâncias compreendem ausência de átomos, o que propicia maior facilidade para a inserção de outros átomos no material considerado.

Vacâncias ou lacunas e átomos autointersticiais geram distorções de planos atômicos e, geralmente, influenciam as propriedades dos materiais de forma negativa. Porém, no caso das lacunas, os defeitos pontuais mais simples, elas podem ser benéficas para processos que envolvam difusão (movimentação de material), como os tratamentos termoquímicos (cementação, por exemplo).

As impurezas (intersticiais e substitucionais) podem ser benéficas, pois propiciam a formação das ligas metálicas. Também podem ser prejudiciais, o enxofre e o fósforo são impurezas que devem ter percentuais controlados nos aços, para evitar prejuízos de propriedades.

Nas **ligas metálicas**, os átomos de impurezas são adicionados com o intuito de obter características específicas aos materiais, como incremento de resistência mecânica, resistência à corrosão, condutividade elétrica etc.

EXEMPLO

> A **prata de lei** é uma liga metálica do sistema prata-cobre, composta por 92,5% Ag e 7,5% Cu. A prata comercialmente pura apresenta elevada resistência à corrosão, e a prata de lei apresenta aumento de resistência mecânica e pequena diminuição de resistência à corrosão. Ou seja, em função das características almejadas para a aplicação, pode-se optar pela prata comercialmente pura ou pela prata de lei (liga metálica).

Em ligas metálicas compostas por sistemas binários, ou seja, por dois elementos, teremos o solvente (elemento com maior percentual) e o soluto (elemento com menor percentual), como a liga binária latão 70-30, na qual o cobre é o solvente com 70% em massa e o zinco, o soluto com 30% em massa. O sistema binário mais conhecido é o ferro-cementita ($Fe-Fe_3C$), que compreende as ligas ferrosas (aços e ferros fundidos).

Na maioria dos casos práticos, depararemo-nos com sistemas superiores aos binários, isto é, com os ternários (três elementos: Fe-C-Ni, por exemplo), com os quaternários (quatro elementos: Fe-C-Cr-Ni, por exemplo) e com os multinários (acima de quatro elementos).

As ligas metálicas no estado sólido são formadas por soluções sólidas e/ou segundas fases.

As propriedades e as estruturas das soluções sólidas podem ser explicadas com base na estrutura cristalina. Uma solução sólida de dois metais (sistema binário) será formada em todas as proporções: se os átomos de um deles puderem substituir os átomos na estrutura cristalina do outro, teremos, então, uma solução sólida substitucional (Figura 1.35).

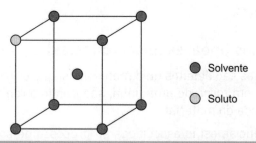

Figura 1.36 – Solução sólida substitucional na célula unitária com estrutura cristalina cúbica de corpo centrado (CCC).

ATENÇÃO!

Na liga metálica composta por metais de estruturas cristalinas diferentes, prevalecerá a estrutura cristalina do elemento predominante na solução sólida substitucional.

Por exemplo, na liga Al-5%Zn, o alumínio representa 95% em massa da composição química da liga e possui estrutura cristalina CFC, enquanto o zinco representa 5% em massa da composição química da liga e possui estrutura cristalina HC (hexagonal compacta). Nesse caso, a estrutura cristalina CFC prevalecerá, pois é a do alumínio, o elemento predominante.

A solução sólida será denominada **intersticial** se a diferença nas dimensões atômicas não permitir que os elementos sejam mutuamente solúveis em todas as proporções. Nesse caso, os átomos do soluto ocuparão os interstícios da estrutura cristalina do solvente (Figura 1.36).

Materiais de Engenharia 53

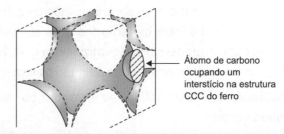

Figura 1.37 – Solução sólida intersticial: átomo de carbono no interstício da estrutura CCC do ferro.

No exemplo do carbono nos interstícios da estrutura cristalina do ferro, maiores teores de carbono aumentam a dureza da liga Fe-C, pois os átomos de carbono dificultarão a movimentação dos átomos de ferro, uma vez que ficam comprimidos nos interstícios da estrutura cristalina do ferro.

1.5.2 Defeitos lineares (discordâncias)

Discordâncias são defeitos unidimensionais, que originam uma distorção da rede em torno de uma linha, separando a região perfeita da região deformada do material.

As discordâncias estão associadas ao processo de solidificação do material e ao processo de deformação, sendo este último o de maior ocorrência. A origem pode ser térmica, mecânica e supersaturação de defeitos pontuais.

Na Figura 1.37, vê-se uma representação esquemática do ensaio de tração do zinco, metal com estrutura cristalina HC (hexagonal compacta). Nesse caso, a origem das discordâncias é mecânica, fruto do ensaio mecânico realizado.

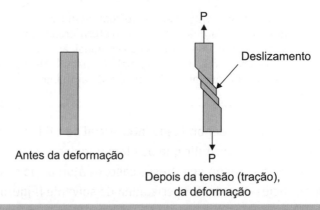

Figura 1.38 – Representação esquemática do ensaio de tração do zinco.

Os diferentes tipos de discordâncias são:

- em cunha (linha, aresta);
- em hélice (espiral); e
- mistas.

A discordância em cunha é criada pela inserção de um semiplano atômico adicional. A discordância em hélice apresenta distorção da rede em forma de uma rampa em espiral. A Figura 1.38a apresenta discordância em cunha, e a Figura 1.38b, a discordância em hélice.

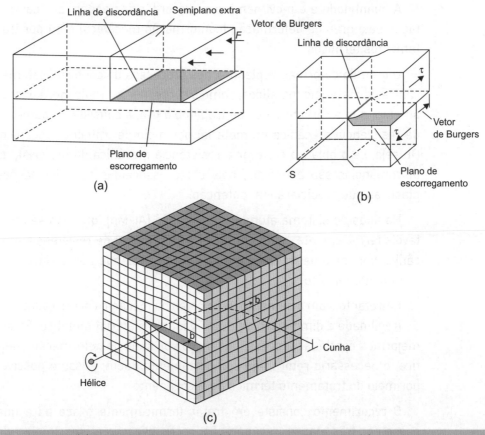

Figura 1.39 – (a) Discordância em cunha; (b) discordância em hélice; (c) mista.

O **vetor de escorregamento** ou **vetor de Burgers** (Figura 1.38b) expressa a **magnitude** e a **direção** da distorção da rede cristalina, associada a uma discordância. Na discordância em cunha, esse vetor de Burgers é perpendicular à linha de discordância, e na discordância em hélice ele é paralelo à linha de discordância.

Nos cristais, a maior parte das discordâncias é do tipo misto, combinando discordância em cunha e em hélice, conforme a Figura 1.38c. As discordâncias geram vacâncias, logo, influenciam nos processos de difusão.

As discordâncias causam escorregamento entre os planos cristalográficos, propiciando um mecanismo para a deformação plástica nos metais e nas ligas metálicas, o que é crucial para os processos de fabricação, como os de conformação mecânica: forjamento, laminação, extrusão, trefilação e estampagem.

A quantidade e o movimento das discordâncias podem ser controlados pelo grau de deformação (conformação mecânica) e/ou por tratamentos térmicos.

O grau de deformação plástica nos processos de conformação mecânica de materiais metálicos, como o cobre, por exemplo, gera encruamento, que é característica de trabalho a frio, e consiste no aumento da resistência mecânica do material por meio de trabalho mecânico. Ou seja, se o objetivo é elevar a resistência mecânica do material, as discordâncias são benéficas, pois estão associadas às deformações plásticas que propiciarão tal obtenção.

Há ligas do sistema alumínio-manganês (Al-Mn), que não são tratáveis termicamente, sendo possível o incremento de resistência mecânica por meio de trabalho mecânico, uma vez que não é viável por tratamento térmico.

Entretanto, com o aumento de resistência mecânica ocorre aumento de fragilidade e diminuição de ductilidade do material metálico. Se almejarmos continuar processando o aço por meio de deformação plástica, é necessário retorno do comportamento dúctil, e isso é possível por meio do tratamento térmico de recozimento.

O recozimento consiste em tratar termicamente o aço para que passe por três etapas: recuperação, recristalização e crescimento de grão. Dessa forma, ocorrerá diminuição da densidade de discordâncias associadas à deformação plástica e ocorrerão redução da resistência mecânica e da fragilidade e retorno do comportamento dúctil do material, o que permitirá o prosseguimento da conformação mecânica.

ATENÇÃO!

Trabalho a quente não significa, necessariamente, conformação mecânica em alta temperatura, pois é o trabalho realizado acima da temperatura de recristalização do material, na qual ocorre a formação de novos cristais.

No caso do níquel, a temperatura de recristalização é de 601 °C (alta), porém no zinco é de 25 °C (praticamente temperatura ambiente). Ou seja, no caso do zinco, qualquer processo de conformação mecânica realizado em temperatura superior a 25 °C é trabalho a quente e não trabalho a frio (realizado abaixo da temperatura de recristalização do material).

1.5.3 Defeitos planares, interfaciais ou superficiais

São contornos ou fronteiras que possuem duas dimensões e, normalmente, separam regiões dos materiais de diferentes estruturas cristalinas e/ou orientações cristalográficas.

Esse tipo de defeitos cristalinos incluem os contornos de grão e maclas, que serão explicados a seguir.

Os **contornos de grãos** são contornos que dividem o material em regiões com a mesma estrutura cristalina, mas com orientação cristalográfica diferente. Em engenharia, os materiais comumente são policristalinos, ou seja, são formados por monocristais com diferentes orientações.

A fronteira entre os monocristais é uma "parede", que corresponde a um defeito bidimensional. Esse defeito cristalino refere-se ao contorno que separa dois pequenos grãos (ou cristais), com diferentes orientações cristalográficas, presentes em um material policristalino.

Os contornos de grão são produzidos pelo processo de fabricação do material metálico, especificamente pela solidificação. No interior do grão, todos os átomos estão arranjados com a mesma orientação, caracterizada pela célula unitária do material, como mostrado na Figura 1.40.

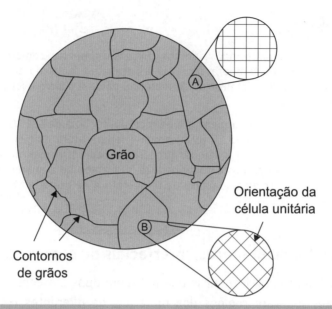

Figura 1.40 – Material policristalino (vários grãos).

 SAIBA MAIS!

Os contornos de grão influenciam as propriedades mecânicas dos materiais metálicos, pois são obstáculos (barreiras) para o escorregamento das discordâncias.

As discordâncias contribuem para as deformações plásticas dos materiais metálicos. Os grãos apresentam orientações cristalográficas diferentes. Logo, quando as discordâncias chegam aos contornos do grão encontram dificuldade para o escorregamento, pois o grão vizinho apresenta outra orientação. Por isso, um mesmo material com grãos refinados (menores) apresentará maior resistência mecânica do que grãos maiores (grosseiros).

Para saber mais sobre o tema, o leitor pode consultar as seguintes obras:

ASKELAND, D. R.; WRIGHT, W. J. **Ciência e engenharia dos materiais**. São Paulo: Cengage Learning, 2014.

SANTOS, G. A. **Tecnologia dos materiais metálicos**: propriedades, estruturas e processos de obtenção. São Paulo: Érica, 2015.

SMITH, W. F.; HASHEMI, J. **Fundamentos de engenharia e ciência dos materiais**. 5. ed. São Paulo: Mc-Graw Hill, 2012.

A indústria metalúrgica utiliza refinadores de grãos para produzir lingotes ou peças fundidas com estrutura refinada. Por exemplo, para ligas de alumínio, adicionam-se pequenas quantidades de titânio, boro ou zircônio, que são seus refinadores de grão. O ferro é refinador de grão de determinadas ligas de cobre (bronze-alumínio, por exemplo).

Uma forma de controlar o tamanho dos grãos é por meio da taxa de resfriamento utilizada no processo de solidificação.

Na Figura 1.40 é apresentada a relação entre taxa de resfriamento e processos de fabricação de metais. Em função do processo de fabricação utilizado, teremos determinados valores de taxa de resfriamento, e como resultado, estruturas com grãos refinados ou grosseiros, ou até monocristais (fabricados por processos com taxa de resfriamento baixa, da ordem de 10^{-3} K.s^{-1}), e no outro extremo, materiais metálicos amorfos (fabricados por processos com taxa de resfriamento alta, da ordem de 10^{5} K.s^{-1}).

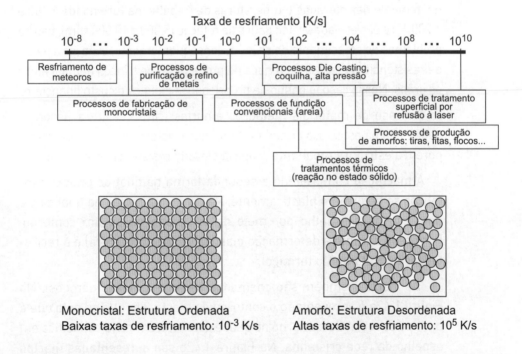

Figura 1.41 – Taxa de resfriamento, processos de fabricação e estruturas.

Para um mesmo metal, os grãos refinados oferecem maior resistência mecânica, porém menor ductilidade. Lembre-se que no recozimento ocorre o crescimento dos grãos, ou seja, os contornos de grão ficam mais distantes e, consequentemente, os obstáculos para o escorregamento de discordâncias.

Esse raciocínio também é válido para outras propriedades, como as elétricas, por exemplo. Os materiais metálicos são formados por ligações metálicas, que apresentam um ou até três elétrons livres na última camada, o que propicia boa condutividade elétrica. Os contornos de grão são obstáculos para essa situação também, pois há modificação de orientação da célula unitária, que é constituída pelos átomos do metal.

Em propriedades químicas, há a corrosão transgranular, que se processa nos grãos da rede cristalina do material metálico.

Processos de fabricação de monocristais são caros, porém indicados para confeccionar as pás da turbina de uma aeronave, cujo material utilizado é uma liga de níquel. Utilizando material monocristalino, independentemente das elevadas temperaturas de trabalho na turbina (de 1.000 a 1.200 °C) e das elevadas velocidades de rotação (8.000 a 10.000 rpm), não há problemas de crescimento de grãos e, consequentemente, evita-se a perda de resistência mecânica ou o risco de propagação de trincas (falhas) entre os grãos. Nesse caso, o ganho de propriedades justifica o custo financeiro.

No caso de materiais metálicos amorfos (com estrutura desordenada), não há estrutura cristalina, logo, não existem contornos de grãos, porém a estrutura resultante propicia elevada resistência mecânica.

A **maclação** compreende a segunda forma na qual os cristais metálicos se deformam plasticamente. **Macla** é uma região na qual existe uma estrutura-espelho por meio de um plano ou de um contorno. Forma-se durante a deformação plástica (tensão mecânica) e a recristalização (tratamento térmico).

As maclas também são chamadas de *twins* (cristais gêmeos). Na Figura 1.42a é apresentado o contorno de macla, em que se nota que é um tipo especial de contorno no qual existe uma simetria específica em espelho da rede cristalina. Na Figura 1.42b são apresentadas maclas em uma liga metálica.

As maclas, assim como os contornos de grão, tendem a aumentar a resistência do material metálico.

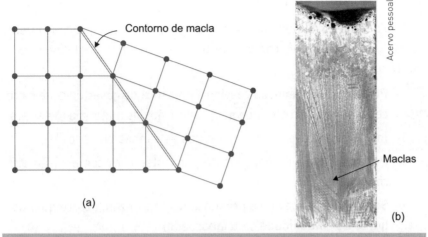

Figura 1.42 – (a) Contorno de macla; (b) maclas em uma liga metálica.

Em relação às três estruturas cristalinas mais comuns nos materiais metálicos – cúbica de corpo centrado (CCC), cúbica de faces centradas (CFC) e hexagonal compacta (HC) –, o aparecimento de maclas geralmente está associado a:

- **Tensões mecânicas (maclas de deformação):** ocorrência de deslocamentos atômicos produzidos por cisalhamento. São observadas em metais com estruturas cristalinas CCC e HC.

- **Tratamento térmico de recozimento (maclas de recozimento):** geralmente encontradas em metais com estrutura cristalina CFC.

ATENÇÃO!

Assim como as discordâncias, as maclas estão associadas à deformação plástica. No entanto, há ligas metálicas com efeito de memória de forma (determinadas ligas níquel-titânio, por exemplo), que sofrem deformação plástica por meio de tensão mecânica e formam as maclas mecânicas. Para essas ligas, com o aquecimento a determinada temperatura, o material retorna à forma anterior ao processo de deformação plástica e, por isso, também são chamadas de **pseudoelásticas**.

Para as ligas metálicas com efeito de memória de forma, a deformação plástica realmente irreversível é a que ocorre por escorregamento de discordâncias, pois a que forma maclas poderá ser reversível.

O fio metálico do aparelho ortodôntico, o arco ortodôntico, apresenta tal característica, ou seja, é confeccionado com liga metálica que apresenta efeito de memória de forma. Trata-se de **materiais inteligentes**.

1.5.4 Defeitos volumétricos

São defeitos tridimensionais introduzidos durante o processamento do material e/ou fabricação do componente. Os tipos de defeitos volumétricos são:

- **Porosidades:** originadas devido à presença de gases durante o processamento do material e pela contração dos materiais metálicos.
- **Inclusões:** presença de impurezas estranhas ou gasosas.
- **Precipitados:** aglomerados de partículas com composição diferente da matriz.
- **Segunda fase:** devido à presença de impurezas (ocorre quando o limite de solubilidade é ultrapassado).

Considerando-se a solidificação de materiais metálicos, que está presente em processos metalúrgicos como a fundição, o lingotamento e os processos de soldagem, uma estrutura comumente formada nas ligas metálicas é a dendrítica, que possui braços primários, secundários e até terciários (dependendo da liga metálica).

Na Figura 1.43, há uma representação esquemática de uma microestrutura de solidificação, que pode ser encontrada nos processos citados no parágrafo anterior, na qual estão representados os defeitos planares (contornos de grãos) e os defeitos volumétricos: porosidades (intergranular e interdendrítica) e segunda fase (intergranular e interdendrítica).

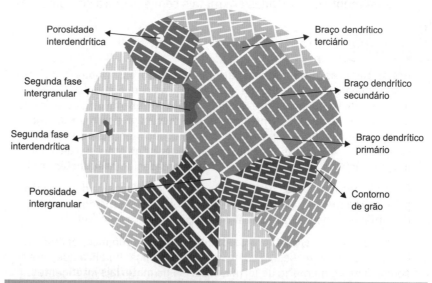

Figura 1.43 – Representação esquemática de uma microestrutura de solidificação.

Em relação aos defeitos volumétricos apresentados na Figura 1.43, a presença de porosidades é prejudicial em relação ao comportamento mecânico do material metálico, pois são concentradores de tensão e fragilizam o material, tornando-o suscetível a falhas.

Uma forma de minimizar as porosidades e a ocorrência dos gases aprisionados (inclusões: hidrogênio que causa fragilização) está no processo de solidificação por meio da utilização de atmosfera controlada (inserção de gás inerte, como o argônio). Fornos a vácuo também propiciam controle de atmosfera e melhora de processo.

Outra forma de minimizar o efeito das porosidades pode ser a conformação mecânica por deformação plástica, como o forjamento que se baseia na aplicação de cargas compressivas sobre o material e é realizado geralmente em trabalho a quente, gerando o colapso das porosidades, reduzindo-as.

No processo de fundição, a estrutura resultante após a solidificação determina as propriedades do produto final. Pode-se afirmar que a solidificação influencia também os produtos que passam por processos de conformação mecânica. Ressalta-se que os produtos que são conformados por deformações plásticas são influenciados por outros fatores, como: temperatura de recristalização, encruamento (trabalho a frio) e tipo de deformação. No entanto, é clara a importância da estrutura obtida no lingotamento e que muitos defeitos que surgem na solidificação permanecem mesmo após a etapa de conformação plástica dos lingotes.

Em relação às inclusões (impurezas), a própria técnica de manuseio adequado de ferramentas no banho metálico, por exemplo, evita que em ligas de alumínio o Al_2O_3 (óxido de alumínio ou alumina) seja empurrado para dentro do banho, resultando, após o processo de solidificação, na presença de um material cerâmico (alumina: frágil) na matriz metálica (liga de alumínio: tenaz, dúctil).

Em suma, técnicas operacionais adequadas e tecnologias bem empregadas minimizam a possibilidade de defeitos volumétricos, que geralmente são prejudiciais para as propriedades dos materiais e suas respectivas aplicações.

RESUMINDO...

Foi descrita, no capítulo, a classificação dos materiais de engenharia: metais, cerâmicas, polímeros, semicondutores, compósitos e biomateriais. Também foram definidas as ligações atômicas (primárias e secundárias), estruturas e imperfeições em sólidos, e relacionadas às propriedades dos materiais.

Vamos praticar

1. Em termos de propriedades para utilização em projetos, quais são as principais diferenças entre materiais metálicos, materiais cerâmicos e materiais poliméricos?

2. As ligas metálicas podem ser classificadas como materiais compósitos? Explique.

3. Defina semicondutores, materiais compósitos e biomateriais. Cite um exemplo de cada.

4. Com base nas ligações químicas, explique porque o titânio é muito mais resistente mecanicamente do que o polipropileno.

5. Por que, em geral, os materiais metálicos apresentam comportamento mecânico maleável (mudam de forma) quando solicitados por esforços externos?

6. Quais são os níveis de aglomeração dos elementos constituintes de um material e como diferem entre si?

7. Os materiais metálicos com estrutura cristalina cúbica de faces centradas como o alumínio são dúcteis. Esse tipo de comportamento é válido para todos os materiais de engenharia com estrutura CFC?

8. Defeitos pontuais, como as vacâncias, apenas depreciam o desempenho dos materiais de engenharia? Explique.

9. A deformação plástica de fato é permanente? Explique.

10. Quais recursos tecnológicos podem ser empregados no processamento de materiais metálicos para mitigar os defeitos volumétricos?

Capítulo 2

Propriedades dos Materiais

Objetivo

Este capítulo tem o objetivo de definir as propriedades gerais dos materiais. Serão explicadas as propriedades mecânicas, térmicas, elétricas, magnéticas, químicas, tecnológicas e ópticas dos materiais de engenharia.

2.1 Propriedades dos materiais

As propriedades de um material compreendem a maneira como ele responde a determinados estímulos externos. É possível encontrar soluções para projetos mecânicos, aplicações em edificações, utilização em componentes eletrônicos e outras aplicações tecnológicas por meio da análise e da compreensão dos comportamentos apresentados pelos materiais em função de solicitações mecânicas, elétricas, térmicas e outras.

Por exemplo, quando uma liga metálica é submetida a temperaturas elevadas, seu comportamento mecânico se altera ou não? Por que determinadas ligas metálicas sofrem corrosão, ou seja, enferrujam quando expostas a meios corrosivos, enquanto outros materiais metálicos, como o alumínio e o titânio, são mais resistentes à corrosão? Por que o alumínio é viável para a fabricação de latinhas e o ferro fundido não? Por que o ferro fundido pode ser utilizado na confecção do bloco do motor de um caminhão, e na confecção do bloco do motor de um veículo esportivo opta-se por liga de alumínio? Por que em vigas e colunas de construções utilizam-se aço além do concreto?

No processo de seleção de materiais para as aplicações tecnológicas, é crucial o conhecimento de suas propriedades, pois estas influenciarão em fatores de segurança, econômicos e de desempenho de qualquer produto.

As propriedades gerais dos materiais de engenharia serão definidas a seguir, as quais são:

- propriedades mecânicas;
- propriedades térmicas;
- propriedades elétricas;
- propriedades magnéticas;
- propriedades químicas;
- propriedades tecnológicas;
- propriedades ópticas.

2.1.1 Propriedades mecânicas

As **propriedades mecânicas** compreendem as respostas que o material oferece quando é exposto a cargas externas, que geram tensões mecânicas. Elas definem o comportamento de um material sujeito a esforços mecânicos e correspondem às propriedades que determinam sua capacidade de transmitir e resistir aos esforços que lhe são aplicados, sem romper ou sem que verifiquem deformações permanentes.

Os esforços mecânicos que podem ocorrer nos materiais são: tração, compressão, cisalhamento, torção, flexão e flambagem.

Tensão normal (σ) é aquela em que a força (P) atua de forma perpendicular em relação à seção transversal (S_o), e pode ser de **tração** (Figura 2.1a) ou de **compressão** (Figura 2.1b), dependendo do sentido de atuação da força.

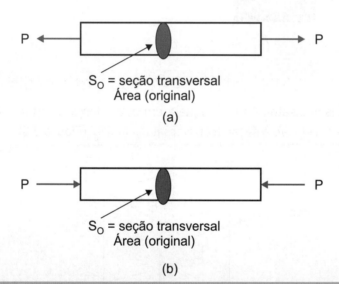

Figura 2.1 – (a) Tração e (b) compressão.

A **tensão normal (tração ou compressão)** é dada por:

$$\sigma = \frac{P}{S_o} \qquad \text{(Equação 2.1)}$$

em que: σ = tensão (Pa);

P = carga aplicada (N);

S_o = seção transversal inicial (m²).

No processo de trefilação, o material é puxado por meio de esforço de tração, passando por uma matriz sofrendo conformação mecânica, conforme Figura 2.2. Esse processo é utilizado para fabricar fios metálicos, por exemplo. Muitos componentes mecânicos, como a barra de direção de um veículo, o eixo virabrequim (árvore de manivelas) do motor de combustão interna e outros, podem ser fabricados por forjamento, processo mecânico que conforma peças por meio de aplicação de carga compressiva direta sobre o material.

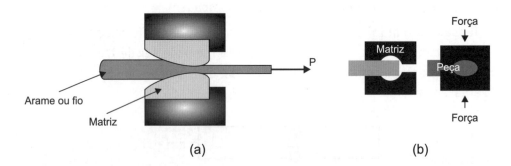

Figura 2.2 – (a) Tração no processo de trefilação; (b) compressão no processo de forjamento.

A tensão cisalhante (τ) é aquela em que a força (P) atua paralelamente em relação à seção transversal inicial (S_o) (Figura 2.3).

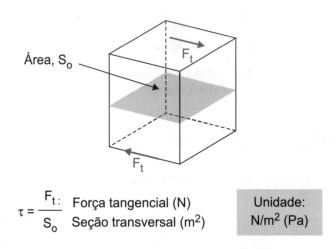

$$\tau = \frac{F_t}{S_o}$$

F_t: Força tangencial (N)
S_o: Seção transversal (m^2)

Unidade: N/m^2 (Pa)

Figura 2.3 – Tensão de cisalhamento.

O esforço de cisalhamento está presente no corte de um material metálico utilizando uma serra manual. Um exemplo mais generalizado está nas tensões de cisalhamento presentes nos processos de usinagem convencionais, originadas pelo contato entre ferramenta e peça, e posterior remoção de material (Figura 2.4).

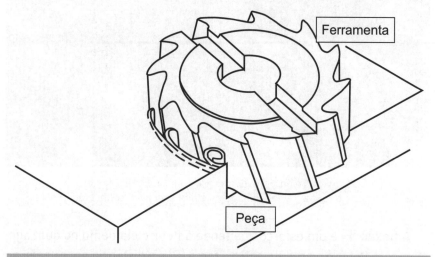

Figura 2.4 – Ferramenta de corte removendo material da peça por cisalhamento.

O **momento de torção ou torque** (T) é o esforço mecânico que tende a produzir giro (rotação), e é o produto entre força tangencial (F_t) e distância da sua aplicação (braço), no caso o raio (R) na Figura 2.5. A torção ocorre quando apertamos ou soltamos elementos como parafusos, porcas, tampas de refrigerantes etc. Na Figura 2.6 é mostrado um exemplo em que um torquímetro é utilizado para medir ou ajustar o torque de um elemento de fixação (parafuso ou porca, por exemplo) em montagens mecânicas.

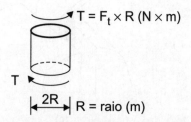

Figura 2.5 – Momento de torção ou torque (T).

Figura 2.6 – Torquímetro empregado para ajustar ou verificar o torque de um fixador da polia tensora (ou tensionador) de um motor de combustão interna.

A **flexão** (F) é um esforço que tende a fletir o elemento no qual age. Momento fletor é o produto entre a força (P) e a distância em relação ao apoio do elemento, no caso o comprimento (l) na Figura 2.7a.

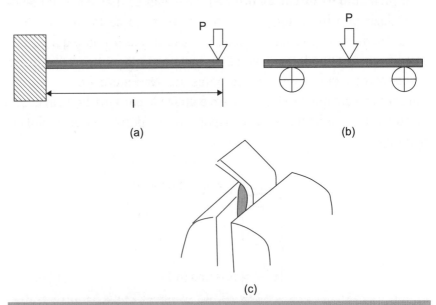

Figura 2.7 – (a) Força na extremidade do elemento; (b) força aplicada no centro do elemento; (c) flexão de chapa fixada em uma morsa (torno de bancada).

Na Figura 2.7b, a força (P) ocorre no centro do elemento. A flexão que pode ser gerada nessa situação é a mesma do processo de estampagem, em que um punção produziria a força necessária para conformar a chapa metálica por flexão direta.

Se prendermos uma chapa metálica em uma morsa e utilizarmos uma ferramenta para aplicar força em sua extremidade, poderá ocorrer a flexão da chapa, conforme Figura 2.7c.

Flambagem compreende o colapso que pode ocorrer em elementos sob a ação de esforços de compressão. Por exemplo, isso ocorre quando pisamos em uma lata vazia de refrigerante feita de alumínio, em que a lata se amassa, porém não rompe, conforme Figura 2.8.

Figura 2.8 – Flambagem em latas de alumínio em função de cargas compressivas.

As propriedades mecânicas são fundamentais para a escolha de materiais, na maioria dos projetos de produção industrial. Elas permitem prever o comportamento de um material durante o processo de fabricação, ou de um objeto em suas condições de uso, como: reação às quedas, aplicação de cargas e outras ações que envolvam força e/ou movimento.

As principais propriedades que determinam o comportamento mecânico de um material de engenharia são definidas a seguir.

- **Elasticidade:** é a propriedade que os materiais apresentam de recuperar a forma quando as tensões deformantes são retiradas ou diminuídas. Um exemplo disso ocorre quando abrimos um clipe metálico com o intuito de prender folhas de papel, ele se deforma com uma força externa e retorna ao formato original após a retirada da força.

- **Plasticidade:** é a propriedade dos materiais quando excedido o limite para o comportamento elástico, em que o corpo apresenta uma deformação permanente após a retirada da carga aplicada. Define-se como **deformação plástica** aquela presente em um corpo que está permanentemente deformado. Capôs de automóveis, arames metálicos, latas de alumínio e perfis de janelas são produtos metálicos obtidos por conformação mecânica por meio de deformação plástica e são ótimos exemplos da plasticidade dos materiais.

- **Rigidez:** pode ser definida como a resistência que o material oferece à deformação.

- **Ductilidade:** é a capacidade de o material deformar-se sem romper. Lembre-se que deformação plástica é a propriedade de um material mudar de modo permanente, ao ser submetido a uma tensão. O alumínio é um bom exemplo de material dúctil.

- **Resiliência:** é a capacidade do material em absorver energia quando submetido a uma deformação elástica, de resistir a esforços externos como impactos, desde que não sofra deformação permanente. As molas são elementos de construções mecânicas que evidenciam a importância da resiliência em aplicações tecnológicas. Por exemplo, nos motores de combustão interna, elas armazenam energia quando são comprimidas, e liberam essa energia quando o esforço de compressão é cessado, auxiliando no retorno e no fechamento das válvulas do motor.

- **Resistência mecânica:** pode ser definida como a capacidade de um componente ou de uma estrutura de suportar esforços sem sofrer deformações permanentes. Por exemplo, a latinha de alumínio deverá suportar os esforços em suas paredes gerados pela pressão do líquido que está contido nela. A estrutura metálica de um automóvel e de outros produtos do setor de transportes deverá resistir a todos os esforços durante sua utilização.

- **Tenacidade:** é a capacidade do material de absorver energia até ocorrer a fratura. Quando a energia é absorvida progressivamente, acontece a deformação elástica e plástica do material, antes de se romper. Fundamental para projetos com deformação plástica. Por exemplo: carrocerias de automóveis.

- **Maleabilidade:** é a propriedade que um material tem de se deformar sob pressão ou choque. Um material é maleável quando, sob tensão, não sofre rupturas ou fortes alterações na estrutura (endurecimento). Essa tensão pode ser aplicada sob aquecimento. Se a maleabilidade em temperatura ambiente é muito grande, o material é chamado plástico.

- **Dureza:** é a propriedade característica de um material sólido de resistir à penetração, ao desgaste e a deformações permanentes. De forma corriqueira, ou seja, na linguagem do chão de fábrica, define-se dureza como resistência ao risco.

- **Fragilidade:** é a propriedade mecânica do material que apresenta baixa resistência aos impactos. O ferro fundido utilizado na confecção do bloco do motor, por exemplo, é duro e frágil.

- **Fluência (*creep*):** é uma propriedade de materiais quando submetidos a cargas de tração constantes em temperaturas elevadas, e dependente do tempo. Por exemplo, materiais aplicados em turbinas devem apresentar bom comportamento em condições de fluência.

Os componentes feitos a partir de materiais de engenharia, que são expostos a tensões e forças externas, devem ser processados de forma a apresentar níveis apropriados de certas propriedades mecânicas (isto é, rigidez, resistência mecânica, dureza, ductilidade e tenacidade). Dessa forma, é essencial compreender o significado dessas propriedades e desenvolver um senso de perspectiva das magnitudes aceitáveis dos valores das propriedades.

2.1.1.1 Massa específica (propriedade de volume)

A **massa específica** (ρ) destaca-se no conjunto das propriedades físicas dos materiais de engenharia e pode ser classificada como uma propriedade de volume.

É uma das propriedades mais importantes, pois dela depende a massa do produto ou componente industrial, pelo menos. É uma propriedade crucial para qualquer produto, principalmente em condições dinâmicas, ou de estática não absoluta. Aeronaves e automóveis são ótimos exemplos de produtos em que a economia de massa é fundamental. Consiste na relação representada na Equação 2.2 entre a massa (m, em kg) e o volume (V, em m³) de um corpo.

$$\rho = \frac{m}{V} \ (kg/m^3)$$
(Equação 2.2)

Na Tabela 2.1 são mostrados valores de massa específica para alguns materiais de engenharia. Percebam que a unidade de medida utilizada é g/cm³, que é uma das mais utilizadas.

Tabela 2.1 – Massa específica em temperatura ambiente para alguns materiais de engenharia

Material	Massa específica (ρ) (temperatura ambiente) (g/cm³)
Cobre (M)	8,94
Alumínio (M)	2,7
Ferro (M)	7,87
Titânio (M)	4,51
Alumina (C)	3,8
Sílica (C)	2,66
Borracha natural (P)	1,2
Poliestireno (P)	1,05

M = metal; C = cerâmica; P = polímero.

Por meio da análise da Tabela 2.1, conclui-se, por exemplo, que o alumínio (ρ = 2,7 g/cm³) e o titânio (ρ = 4,51 g/cm³) são mais leves que o ferro (ρ = 7,87 g/cm³). No entanto, o aço, cujo elemento principal é o ferro, ainda é a liga metálica mais utilizada no mundo, e uma das justificativas é o seu custo-benefício para aplicações em condições de absoluta estática, como estruturas.

ATENÇÃO!

Não devemos confundir massa específica com densidade. **Massa específica** é a relação entre a massa e o volume de um corpo. A **densidade** é a relação entre a massa específica de um corpo e a massa específica da água, fornecendo um número adimensional por causa do quociente.

Em projetos mecânicos, procura-se conciliar baixa massa específica com elevada resistência mecânica. Essa junção de propriedades recebe o nome de **resistência específica**. O titânio é um metal que apresenta boa resistência específica. É importante ressaltar que se deve levar em conta também a viabilidade econômica.

2.1.2 Propriedades térmicas

Os materiais submetidos a variações de temperaturas apresentam diferentes comportamentos por conta de algumas propriedades classificadas como **propriedades térmicas**. Essas propriedades apresentam relevante papel na manufatura, porque a geração de calor é comum em muitos processos, podendo ser a energia que realiza o processo tal como na fundição ou no tratamento térmico de metais, ou a consequência do processo, como na usinagem de metais.

Expansão térmica, de forma geral, consiste no aumento do volume e na diminuição da massa específica de um material sólido que sofre variação em sua temperatura quando submetido à ação do calor.

Os materiais de engenharia sólidos expandem-se quando aquecidos e contraem-se quando resfriados. A variação do comprimento é proporcional à variação da temperatura, na qual a constante de proporcionalidade é o coeficiente de expansão térmica (α, em $°C^{-1}$), conforme a Equação 2.3:

$$L_2 - L_1 = \alpha L_1 (T_2 - T_1) \qquad \text{(Equação 2.3)}$$

em que L_1 e L_2 são comprimentos, em mm, correspondendo, respectivamente, às temperaturas T_1 e T_2, em °C.

A expansão térmica reflete-se em função da energia de ligação interatômica – quanto maior for essa energia, menor será o coeficiente de expansão térmica. Assim, os valores dos coeficientes de expansão térmica dos polímeros são tipicamente maiores do que os dos metais, que por sua vez são maiores do que os das cerâmicas.

Calor específico (C) de um material compreende a quantidade de energia térmica necessária para aumentar a temperatura de uma massa unitária do material em um grau. A água no estado líquido possui elevado valor de calor específico (1 cal/g °C em temperatura ambiente), apresentando alta capacidade de retenção de calor, e essa é uma das justificativas de ser utilizada como meio de resfriamento em tratamentos térmicos como a têmpera de aços e como base nos fluidos refrigerantes empregados em processos de usinagem de metais.

Ainda usando o exemplo do tratamento térmico de aços, a quantidade de energia necessária para aquecer certa massa desse material de engenharia em um forno à temperatura elevada pode ser determinada a partir da seguinte equação:

$$H = Cm(T_2 - T_1)$$ (Equação 2.4)

em que: H = quantidade de energia térmica, J;

C = calor específico do material, J/kg °C;

m = sua massa, kg;

$(T_2 - T_1)$ = variação de temperatura, °C.

A capacidade volumétrica de armazenamento de calor de um material é a massa específica multiplicada pelo calor específico ρC. Dessa forma, o **calor específico volumétrico** é a energia térmica necessária para elevar a temperatura de um volume unitário do material em um grau, J/mm^3 °C.

A **condutividade térmica** (k) é a propriedade dos materiais de transferir mais ou menos calor, ou seja, é o fenômeno pelo qual o calor é transportado das regiões de alta temperatura para as de baixa temperatura em uma substância.

Exemplos de materiais que são bons condutores térmicos: prata (Ag), cobre (Cu), alumínio (Al), latão (liga de cobre-zinco), zinco (Zn), aço (liga de ferro) e chumbo (Pb). Exemplos de materiais maus condutores de calor: pedra, vidro, madeira e papel. Percebam que os exemplos de materiais bons condutores térmicos referem-se a materiais metálicos, enquanto que os de maus condutores a materiais não metálicos.

Na Tabela 2.2 são mostrados valores de determinadas propriedades térmicas para alguns materiais de engenharia em temperatura ambiente.

Tabela 2.2 – Propriedades térmicas para alguns materiais de engenharia

Material	Calor específico (J/kgK)	Condutividade térmica (W/mK)
Cobre (M)	386	398
Alumínio (M)	900	247
Ferro (M)	448	80
Prata (M)	235	428
Alumina (C)	775	39
Vidro sodo-cálcico (C)	840	1,7
Poliestireno (P)	1.170	0,13
Polipropileno (P)	1.925	0,12

M = metal; C = cerâmica; P = polímero.

As cerâmicas e os polímeros são isolantes térmicos, uma vez que não apresentam muitos elétrons livres. A porosidade pode ter grande influência sobre a condutividade térmica desses materiais de engenharia, em que suas propriedades isolantes podem ser melhoradas ainda mais pela introdução de pequenos poros, o que é notório na espuma de poliestireno. Polímeros como a espuma de poliestireno são utilizados como isolantes térmicos, como em caixas isolantes, em função de suas baixas condutividades térmicas.

Entretanto, há exceções. O grafeno é constituído de uma camada simples de átomos de carbono, dispostos na forma de hexágonos, conforme mostrado na Figura 2.9. Ele é um exemplo de material não metálico que é um notável condutor térmico, com valor de 5.300 W/m.K, superando de longe os materiais metálicos citados na Tabela 2.2.

A relação entre a condutividade térmica e o calor específico volumétrico é frequentemente encontrada na análise de transferência de calor, sendo chamada **difusividade térmica** K e é determinada da seguinte forma:

$$K = k/\rho C \ (m^2/s) \qquad \text{(Equação 2.5)}$$

Propriedades dos Materiais

Um exemplo de utilização da difusividade térmica está no cálculo das temperaturas de corte em processos de usinagem, como o torneamento e o fresamento.

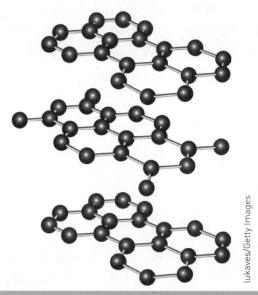

Figura 2.9 – Estrutura bidimensional do grafeno apresentada em camadas.

2.1.3 Propriedades elétricas

A facilidade com que um material sólido transmite uma corrente elétrica é uma das suas características elétricas mais importantes. A **Lei de Ohm** relaciona a corrente elétrica I – ou taxa de passagem de cargas ao longo do tempo – com a tensão elétrica aplicada V da seguinte maneira:

$$V = IR \qquad \text{(Equação 2.6)}$$

em que R é a resistência elétrica do material por meio do qual a corrente está passando. As unidades para V, I e R são, respectivamente, V (volt), A (ampère) e Ω (ohm).

A **resistividade elétrica** é a propriedade que certos materiais possuem de se opor ao fluxo de corrente elétrica. Algumas ligas do sistema cromo-níquel (Cr-Ni) e do sistema ferro-níquel (Fe-Ni) são pouco condutoras e servem para a construção de resistências elétricas, por exemplo, em reostatos. A resistividade pode ser obtida da seguinte forma:

$$r = RA/l \qquad \text{(Equação 2.7)}$$

em que: r = resistividade elétrica que tem unidade $\Omega.m$;

R = resistência elétrica;

A = área da seção transversal, em m^2, perpendicular à direção da corrente;

l = distância, em m, entre os dois pontos em que a tensão elétrica é medida.

A **condutividade elétrica** é a propriedade que certos materiais possuem de permitir maior ou menor transporte de cargas elétricas, sendo o inverso da resistividade elétrica $(1/r)$, tendo como unidade de medida $(\Omega.m)^{-1}$. Os materiais em que esse transporte se dá com facilidade são chamados **condutores** elétricos. O cobre, suas ligas e o alumínio conduzem bem a eletricidade e, por isso, são empregados na fabricação de fios e aparelhos elétricos.

Os materiais que praticamente impedem a passagem de corrente elétrica são chamados **isolantes** elétricos. A madeira seca (material compósito) e a baquelite (polímero termofixo) são exemplos de materiais isolantes elétricos.

Na Tabela 2.3 são mostrados valores de condutividade elétrica para alguns materiais metálicos, em temperatura ambiente.

Tabela 2.3 – Condutividade elétrica em temperatura ambiente para alguns materiais metálicos

Metal	Condutividade elétrica (temperatura ambiente) $\times 10^7 (\Omega.m)^{-1}$
Cobre	6,0
Alumínio	3,8
Ferro	1,0
Ouro	4,3
Prata	6,8
Latão (70Cu-30Zn)	1,6
Aço-carbono comum	0,6

Por meio da análise da Tabela 2.3, nota-se, por exemplo, que o cobre, com condutividade elétrica de $6.10^7 (\Omega.m)^{-1}$, é melhor condutor do que o aço-carbono comum, com condutividade elétrica de $0,6.10^7 (\Omega.m.)^{-1}$. Considerando-se esta propriedade elétrica, podemos compreender que o ferro oferece limitações para utilização em fios elétricos, por exemplo.

Mesmo sem ligações metálicas, há polímeros condutores. Em função dos tipos de ligações, mesmo covalentes, ocorre deslocamento de elétrons, o que permite condutividade elétrica. A polianilina é um exemplo de polímero condutor.

Há também os **semicondutores**, que apresentam valores interme-diários de condutividade elétrica, é o caso do silício e do germânio, conforme já foi citado no capítulo anterior. O silício apresenta conduti-vidade elétrica de $3,4 \times 10^{-4} (\Omega.m)^{-1}$, e é o material semicondutor mais utilizado atualmente, devido a fatores como a abundância na natureza, o custo relativamente baixo e o fácil processamento. O que torna o se-micondutor um material único é sua capacidade de alterar significati-vamente sua condutividade por meio de controle de concentração de impurezas em regiões superficiais microscópicas, o que é importante na fabricação de circuitos integrados.

Os semicondutores têm um aumento de condutividade elétrica com o aumento de temperatura. Já os metais diminuem sua condutividade com o aumento de temperatura. Nos semicondutores, o aumento de temperatura faz com que os átomos vibrem mais, fazendo acontecer uma ruptura das ligações entre os átomos. Quando essas ligações são rompidas, surgem mais elétrons livres que permitem maior condução elétrica dentro de um material. Nos materiais metálicos, o aumento de temperatura também faz com que seus átomos vibrem mais, porém essa maior vibração dificulta a movimentação de elétrons dentro do material surgindo, assim, maior resistência ao fluxo de elétrons e, por-tanto, maior resistividade elétrica.

Nos metais, a adição de impurezas aumenta a resistividade elétrica do material. Por exemplo, em uma liga cobre-níquel, os átomos de ní-quel no cobre atuam como centros de espalhamento de elétrons, e um aumento da concentração do níquel no cobre resulta em aumento da resistividade. A deformação plástica também eleva a resistividade elé-trica como resultado do maior número de discordâncias, o que causa o espalhamento dos elétrons.

ATENÇÃO!

Além dos condutores, semicondutores e isolantes, há também os supercondutores. Um material **supercondutor** é aquele que exibe resistividade nula, fenômeno observado em determinados materiais em baixas temperaturas, próximas do zero absoluto. A existência desses materiais é de grande interesse científico, pois o desenvolvimento de materiais com essas propriedades em temperaturas mais típicas seria crucial para aplicações que implicassem transmissão de energia, velocidades de comutações eletrônicas e campos magnéticos.

As propriedades elétricas dos materiais de engenharia desempenham papel importante em determinados processos de manufatura. Em processos de usinagem não tradicionais, como a eletroerosão, o calor gerado pela energia elétrica na forma de discretas descargas elétricas (faíscas) é utilizado para remover material de materiais metálicos. A maioria dos processos de soldagem utiliza energia elétrica para fundir a junta metálica.

A **piezoeletricidade (ou piezeletricidade)** é a eletricidade pela tensão mecânica, compreendendo um fenômeno não comum exibido por alguns poucos materiais cerâmicos (assim como alguns polímeros), que são classificados como **materiais inteligentes**. A polarização elétrica (isto é, um campo elétrico ou tensão elétrica) é induzida no cristal piezoelétrico como resultado de uma deformação mecânica (alteração dimensional) produzida pela aplicação de uma força externa. A inversão do sinal da força (por exemplo, de tração para compressão) inverte a direção do campo. O **efeito piezoelétrico reverso** também é exibido por esse grupo de materiais, isto é, uma deformação mecânica resulta da imposição de um campo elétrico.

Os materiais **piezoelétricos** podem ser usados como transdutores entre as energias mecânica e elétrica, como sistemas ou dispositivos capazes de converter ondas sonoras em campos elétricos. Atualmente, os dispositivos piezoelétricos estão sendo usados em muitas aplicações, como: balanceamento de rodas, alarmes de cinto de segurança, indicadores de desgaste da banda de rolamento de pneus, portas sem chave e sensores de *air-bag*, microfones, alto-falantes, microatuadores para discos rígidos e transformadores de *notebooks*, cabeçotes de impressoras jato de tinta, medidores de deformação, equipamentos de soldagem ultrassônicos e detectores de fumaça, bombas de insulina, terapia ultrassônica e dispositivos ultrassônicos para remoção de catarata.

Exemplos de materiais cerâmicos piezoelétricos incluem o zirconato de chumbo ($PbZrO_3$), o zirconato-titanato de chumbo (PZT) ($Pb(Zr,Ti)O_3$), os titanatos de bário e chumbo ($BaTiO_3$ e $PbTiO_3$) e o niobato de potássio ($KNbO_3$).

2.1.4 Propriedades magnéticas

A característica mais comum associada às propriedades magnéticas é a **suscetibilidade magnética**. É a propriedade de um material ficar magnetizado sob a ação de uma estimulação magnética, ou seja, é o grau de magnetização de um material em resposta a um campo magnético. Na natureza, existem alguns materiais que, na presença de um campo magnético, são capazes de se tornar um ímã. Esses materiais são classificados em ferromagnéticos, paramagnéticos e diamagnéticos.

» **Ferromagnéticos:** são materiais que se imantam fortemente quando colocados na presença de um campo magnético. Trata-se de magnetizações grandes e permanentes encontradas em alguns metais, como: ferro em fase alfa, cobalto, níquel e ligas formadas por esses materiais.

» **Paramagnéticos:** são materiais que, na presença de um campo magnético, alinham-se formando um ímã que tem a capacidade de provocar um leve aumento na intensidade do valor do campo, ou seja, na presença de um campo magnético, apresentam forma de magnetismo relativamente fraca, que resulta do alinhamento independente de dipolos atômicos (magnéticos). São materiais paramagnéticos: alumínio, magnésio e sulfato de cobre, entre outros.

» **Diamagnéticos:** são materiais que apresentam forma fraca de magnetismo induzido ou não permanente, em que a suscetibilidade magnética é negativa. Se colocados na presença de um campo magnético, têm seus ímãs elementares orientados no sentido contrário ao do campo, ou seja, o campo magnético é repelido. São substâncias diamagnéticas: bismuto, cobre, prata, chumbo, entre outros.

As propriedades magnéticas dos metais auxiliam no processo de separação de sucatas para posterior reciclagem. Por exemplo, os aços geralmente são atraídos por ímãs, fato que auxilia na separação de outros materiais que não possuem essa característica. Os aços inoxidáveis austeníticos possuem estrutura cristalina cúbica de faces centradas (CFC) e, portanto, não são ferromagnéticos.

2.1.5 Propriedades químicas

As propriedades químicas são aquelas que se referem à capacidade de um material de sofrer transformações, que podem ocasionar sua deterioração. A corrosão e a degradação são dois processos de deterioração de materiais.

O termo corrosão tem derivação do latim *corrodere*, que significa destruir gradativamente. De modo amplo, o fenômeno da corrosão pode ser entendido como uma deterioração do material devido às reações químicas e/ou eletroquímicas com o meio em que interage.

Os meios de corrosão podem ser inúmeros, mas a incidência da corrosão em meio aquoso é maior. Como exemplo, cita-se a **corrosão aquosa**, que tem a água como o principal solvente e ocorre por intermédio da condensação da umidade em uma superfície. De modo mais específico, o fenômeno corrosivo representa uma situação em que duas ou mais reações eletroquímicas diferentes ocorrem simultaneamente e de forma espontânea, sendo pelo menos uma de natureza **anódica** e outra **catódica**.

A reação anódica de **dissolução do metal** fornece elétrons à reação catódica de **redução**, gerando uma carga elétrica transferida por unidade de tempo. Para que a reação de dissolução do metal tenha prosseguimento, é necessário que os elétrons produzidos sejam removidos, caso contrário, ocorre equilíbrio eletroquímico. A reação de redução de hidrogênio que ocorre simultaneamente só tem prosseguimento se receber elétrons. Dessa forma, os elétrons produzidos pela reação de dissolução do metal são utilizados pela reação de redução do hidrogênio e, simultaneamente, as reações têm prosseguimento, conforme mostrado na Figura 2.10.

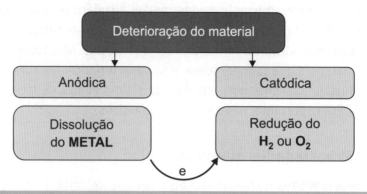

Figura 2.10 – Fenômeno de corrosão.

Resistência à corrosão é a propriedade que o material tem para evitar danos causados por outros materiais que possam deteriorá-lo. O efeito da oxidação direta de um metal é o dano mais importante observado. Também merece destaque a resistência do material à corrosão química. A atenção dada aos carros é um exemplo da preocupação com a corrosão. Como o ataque pela corrosão é irregular, é muito difícil medi-la. A unidade mais comum utilizada para medir a corrosão é polegadas ou centímetros ou milímetros de superfície perdida por ano. A necessidade de utilização de metais em altas temperaturas e em meios altamente corrosivos, como a água do mar para a indústria petrolífera, tem levado à obtenção de novas ligas especiais e à utilização de tratamentos superficiais específicos para essas aplicações.

Os materiais cerâmicos são extremamente resistentes à corrosão causada por quase todos os ambientes, sobretudo em condições de temperatura ambiente. A corrosão das cerâmicas envolve, geralmente, uma simples dissolução química, ao contrário dos processos eletroquímicos encontrados nos materiais metálicos. Em função de sua resistência à corrosão, o vidro é utilizado, de forma frequente, no armazenamento de líquidos. As cerâmicas são muito mais adequadas do que os materiais metálicos para suportar condições de temperaturas relativamente altas, atmosferas corrosivas e pressões acima da ambiente durante períodos razoáveis.

Além da deterioração por corrosão, as reações eletroquímicas estão presentes em processos industriais como a eletrodeposição ou a galvanoplastia, que é um processo que consiste em adicionar um revestimento fino de um metal (por exemplo, zinco) na superfície de outro metal (por exemplo, aço) para fins de proteção superficial ou outros; e usinagem eletroquímica, que é um processo de manufatura subtrativa não convencional no qual o material é removido da superfície de uma peça metálica. Os dois processos dependem da eletrólise para adicionar ou remover material da superfície de uma peça metálica.

A **eletrólise** consiste na decomposição de um composto em seus componentes mediante a passagem de uma corrente elétrica em uma solução. Na galvanoplastia, a peça é posicionada em um circuito eletrolítico como o cátodo, em que os cátions do metal de revestimento são atraídos pela peça negativamente carregada. Na usinagem eletroquímica, a peça é o ânodo, e a ferramenta com perfil inverso ao formato da peça final desejada é o cátodo. A ação da eletrólise nesse tipo de usinagem permite a remoção de metal da superfície da peça em regiões determinadas pelo formato da ferramenta, conforme ela avança lentamente sobre a peça.

ATENÇÃO!

A formação de filmes protetores de óxido de cromo (Cr_2O_3) em aços inoxidáveis; óxido de titânio (TiO_2) em titânio; e óxido de alumínio (Al_2O_3) em alumínio, são exemplos de casos benéficos de corrosão de grande importância industrial.

Os materiais poliméricos também apresentam deterioração como consequência de interações com o ambiente. No caso desses materiais, o processo é denominado degradação, sendo um processo físico-químico. Por exemplo, a exposição do polietileno a temperaturas elevadas em uma atmosfera rica em oxigênio gera uma deterioração das suas propriedades mecânicas, tornando-o frágil.

O **intemperismo** compreende qualquer degradação resultante de aplicações de materiais poliméricos que exigem sua exposição às condições de um ambiente externo. A **resistência às intempéries** é a propriedade do material de evitar degradação em condições de exposição considerável ao calor, umidade e luz solar. Plásticos como o náilon e a celulose são higroscópicos (suscetíveis à absorção de água), o que gera uma redução em sua dureza e rigidez. Os fluorcarbonos são resistentes às intempéries; mas alguns materiais como o poli(cloreto de vinila) e o poliestireno, são suscetíveis ao intemperismo.

2.1.6 Propriedades tecnológicas

As propriedades tecnológicas são propriedades dos materiais de engenharia que possibilitam que sejam trabalhados em processos de transformação, isto é, nos de fabricação mecânica, como fundição, soldagem, usinagem e outros, e nos tratamentos térmicos (têmpera, por exemplo).

Na Figura 2.11 é mostrado um diagrama sobre o processo de transformação de materiais metálicos.

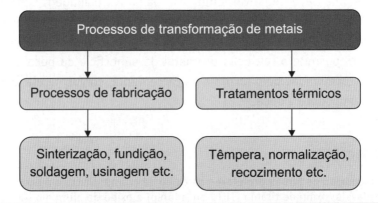

Figura 2.11 – Diagrama dos processos de transformação de materiais metálicos.

As principais propriedades tecnológicas são definidas a seguir.

A **fusibilidade** é a propriedade do material de passar do estado sólido para o líquido sob ação do fornecimento de calor para o sistema. No caso de processos de fabricação de metais que envolvam solidificação, como a fundição e o lingotamento, a fusibilidade é crucial para posterior solidificação do metal por meio da retirada de calor e, consequentemente, para que possa adquirir a forma do molde.

É uma propriedade que existe em todos os metais. Porém, para ser industrialmente viável por questões tecnológicas e econômicas, é necessário que o metal tenha ponto de fusão relativamente baixo e que, durante o processo de fusão, não ocorram oxidações profundas, nem alterações na estrutura.

Na Tabela 2.4 são mostrados valores de temperatura de fusão para alguns metais.

Tabela 2.4 – Temperatura de fusão (T_F) para alguns metais

Metal	Temperatura de fusão (T_F) [°C]
Chumbo (Pb)	327
Estanho (Sn)	232
Alumínio (Al)	660
Cobre (Cu)	1.085
Níquel (Ni)	1.455
Ferro (Fe)	1.538

A **soldabilidade** é a propriedade dos materiais de se unirem depois de serem aquecidos. O metal ou a liga metálica que muda de modo rápido do estado sólido para o líquido dificilmente é soldável (ferro fundido, por exemplo).

Alguns metais mudam sua estrutura e endurecem após um aquecimento prolongado, tempo de permanência no forno adequado e, posteriormente, resfriamento brusco (severo). Basicamente, trata-se de um tratamento térmico denominado endurecimento por têmpera. **Temperabilidade** é a capacidade que o material possui de modificar sua estrutura e suas propriedades mecânicas por meio da têmpera. Aços de boa temperabilidade são aplicados quando se necessita de elevada resistência mecânica para todo o material, ou seja, a peça deve possuir uma distribuição de dureza igual ao longo da seção.

Usinabilidade é a grandeza tecnológica, que expressa por meio de um valor numérico comparativo um conjunto de propriedades de usinagem do material. Pode ser influenciada pelo material da peça, pelos processos mecânicos e pelas condições de usinagem. Os materiais metálicos apresentam características peculiares de usinabilidade, que dizem respeito tanto ao material da peça quanto ao da ferramenta. Por exemplo, o alumínio pode empastar durante o processo de usinagem, e o titânio pode ser altamente reativo com o material da ferramenta de corte.

O conhecimento da usinabilidade de um material permite calcular os tempos necessários de usinagem para programar uma fabricação. Alguns tratamentos térmicos são indicados para melhorar a usinabilidade dos materiais.

A **fadiga** compreende a falha do material em níveis de tensão mecânica relativamente baixos, de peças ou componentes que são submetidos a tensões cíclicas e oscilantes, ou seja, esforços dinâmicos. Quando um material está exposto a essas condições durante longo período, observa-se uma perda nas propriedades mecânicas, ocasionando a ruptura.

A fadiga pode ser também superficial, provocando desgaste de peças sujeitas a esforços cíclicos, como ocorre em dentes de engrenagens. Podemos citar ainda como exemplo um clipe, que, ao aplicarmos nele uma força para cima e para baixo repetidas vezes (esforço cíclico), é aquecido até se romper por fadiga. Em máquinas operatrizes como o torno mecânico, há a possibilidade de usinagem com variações de rotações do eixo motor (eixo-árvore) e mudanças de esforços, logo, tais máquinas devem ser confeccionadas com elementos de materiais que apresentem bom comportamento em condições de fadiga.

2.1.7 Propriedades ópticas

As **propriedades ópticas** consistem na resposta de um material à exposição a uma radiação eletromagnética e, em particular, à luz visível. O comportamento óptico dos materiais é crucial em aplicações, como nas fibras ópticas e na safira monocristalina, que é transparente. As características ópticas mais conhecidas são transparência, cor, refração e reflexão.

Quando os raios de luz incidem em uma superfície, eles podem ser refletidos, refratados ou absorvidos pelo meio em que incidem. A **reflexão** ocorre quando um raio de luz incide sobre uma superfície e é refletido. A **transmissão** da luz acontece quando a luz atravessa uma superfície ou um objeto. A **refração** ocorre quando os feixes de luz mudam de velocidade quando passam de um meio para outro. A **absorção** é o fenômeno óptico em que as superfícies absorvem parte ou toda a quantidade de luz que é incidida sobre elas.

Em relação à luz, ao passar de um meio para outro, como do ar para uma substância sólida, parte da radiação gerada pode ser transmitida, parte absorvida e parte refletida.

Uma das propriedades ópticas mais importantes é o índice de refração, que é uma constante associada à forma, como a velocidade da luz atua em dois materiais. O **índice de refração absoluto** compreende a relação entre a velocidade da luz no vácuo e a velocidade da luz no material considerado, podendo ser equacionado da seguinte forma:

$$n = c/v \qquad \text{(Equação 2.8)}$$

em que: n = índice de refração absoluto (adimensional);

c = velocidade da luz no vácuo ($3{\cdot}10^8\,m/s = 3{\cdot}10^5\,km/s$);

v = velocidade da luz no material considerado (m/s).

Na Tabela 2.5 são mostrados valores de índice de refração absoluto para alguns materiais.

Tabela 2.5 – Valores de índice de refração absoluto para alguns materiais

Material	Índice de refração absoluto
Ar	1,00
Água	1,33
Acrílico	1,49
Vidro	1,51
Rubi	1,76
Glicerina	1,90
Diamante	2,42

Por definição, o índice de refração absoluto no vácuo é 1, e em termos práticos, ele pode ser considerado igual ao índice do ar atmosférico, conforme Tabela 2.5. Isso significa, de forma simplificada, que a velocidade da luz no vácuo pode ser considerada igual à velocidade da luz no ar atmosférico. Utilizando o acrílico como comparativo, que apresenta índice de refração absoluto igual a 1,49, pode-se considerar que a velocidade da luz no vácuo é 1,49 vez maior do que no acrílico.

A adição de impurezas específicas em concentrações controladas pode aumentar o desempenho das fibras ópticas por meio de uma variação gradual do índice de refração na superfície externa da fibra.

Em função dos diferentes tipos de meios em que pode ocorrer a propagação da luz, os materiais podem ser transparentes, translúcidos ou opacos. Os materiais **transparentes** permitem a passagem ou transmitem os feixes de luz, dando a possibilidade de ver os corpos com nitidez. Exemplos: vidro polido, ar atmosférico, alumina monocristalina e outros. Nos materiais **translúcidos**, a luz se propaga de maneira

Propriedades dos Materiais

desordenada (difusa), fazendo com que os corpos sejam vistos sem nitidez, absorvendo muita luz em seu interior. Exemplos: vidro fosco, plásticos, alumina policristalina e outros. Os meios **opacos** são aqueles que impedem a transmissão de luz, não permitindo a visão de corpos através deles. Exemplos: portas de madeira, paredes de cimento, aços e outros.

Os metais são opacos a todas as radiações eletromagnéticas de alto comprimento de onda (ondas de rádio e TV, micro-ondas, infravermelho, luz visível e parte da radiação ultravioleta) e transparentes às radiações de baixo comprimento de onda (raios X e raios γ).

A **cor** é uma percepção subjetiva, que pode ser definida como a impressão que a luz visível refletida ou absorvida pelos corpos produz nos olhos. A cor de um metal é determinada pela distribuição dos comprimentos de onda que são refletidos e reemitidos. Por exemplo, o ouro reflete quase completamente luz vermelha e amarela e absorve parcialmente comprimentos de onda mais curtos. Já a prata reflete eficientemente quase todos os comprimentos de onda do espectro visível, daí a sua cor esbranquiçada.

As cerâmicas e os polímeros não dispõem de elétrons livres (que absorvem os fótons de luz no caso dos metais) e podem ser transparentes à luz visível. Para esses materiais não metálicos, há uma interação mais complexa com a radiação eletromagnética, podendo ser opacos, translúcidos ou transparentes. A alumina monocristalina é transparente, já a policristalina com baixa porosidade é translúcida, e a alumina policristalina com alta porosidade é opaca. O acrílico é um exemplo de polímeros amorfos, que são completamente transparentes.

Outro exemplo de aplicação de propriedades ópticas está na aplicação de técnicas ópticas para medição de rugosidade em peças ou componentes manufaturados. Essas técnicas baseiam-se na reflexão da luz sobre a superfície, dispersão ou difusão de luz, e tecnologia laser. Esses equipamentos são úteis nas aplicações em que não se deseja que haja o contato de uma sonda com a superfície analisada. Algumas dessas técnicas permitem inspeções em velocidades bem mais altas e, com isso, possibilitam que a inspeção seja realizada na totalidade da peça. Como limitação de uso, as técnicas ópticas podem produzir valores que não estão sempre bem correlacionados com as medidas realizadas pelos instrumentos que usam uma sonda.

Laser é um acrônimo do inglês *light amplification by stimulated emission of radiation*, que significa amplificação da luz por emissão estimulada de radiação. A tecnologia laser pode estar presente em técnicas de medição de rugosidade; em processos de manufatura, como na remoção de material por usinagem a laser e na soldagem a laser; em tratamentos térmicos como a têmpera a laser; em processos de manufatura aditiva como a sinterização seletiva a laser (SLS, do inglês *selective laser sintering*); e outros.

RESUMINDO...

Foram descritas no capítulo as propriedades gerais dos materiais, bem como as propriedades mecânicas, térmicas, elétricas, magnéticas, químicas, tecnológicas e ópticas de materiais de engenharia. Além disso, foram mostrados exemplos da influência dessas propriedades em aplicações tecnológicas de materiais e processos de fabricação.

Vamos praticar

1. Defina propriedades dos materiais de engenharia. Quais são as propriedades gerais dos materiais de engenharia?
2. O que são propriedades mecânicas?
3. Diferencie comportamento elástico de comportamento plástico em materiais de engenharia.
4. Por que o alumínio é viável para a fabricação de latinhas e o ferro fundido não é?
5. Por que o ferro fundido é comumente utilizado na confecção do bloco do motor de um caminhão, e na confecção do bloco do motor de um veículo esportivo opta-se por liga de alumínio fundida?
6. Por que em vigas e colunas de construções utiliza-se aço além do concreto?
7. O que são propriedades tecnológicas? Cite exemplos.

8. Considerando as propriedades elétricas, qual material metálico é o mais indicado para a confecção de um fio elétrico: o cobre ou o aço?

9. Por meio das definições e das tabelas de propriedades dos materiais presentes neste capítulo, diga quais materiais de engenharia você escolheria para as aplicações a seguir. Justifique suas escolhas.

   a) Latas de bebidas.

   b) Estrutura de uma aeronave.

   c) Fio elétrico.

   d) Resistor elétrico.

   e) Lentes de óculos.

10. O índice de refração absoluto do diamante é igual a 2,42. O que isso significa em termos de velocidade de propagação da luz?

Ensaios e Caracterização dos Materiais

Objetivo

Este capítulo tem por objetivo definir os ensaios dos materiais de engenharia. São definidos os ensaios destrutivos e não destrutivos que são aplicados para analisar os materiais, e a caracterização por análise metalográfica.

3.1 Ensaios dos materiais

Os ensaios dos materiais consistem em métodos empregados para determinar características, propriedades e comportamento dos materiais de engenharia. É necessária a padronização dos ensaios aplicados aos materiais para que haja uma linguagem comum entre seus fornecedores e seus usuários. Dessa forma, os ensaios dos materiais são procedimentos padronizados que compreendem testes, cálculos, gráficos e consultas a tabelas, em conformidade com normas técnicas.

Os ensaios dos materiais podem ser agrupados em dois blocos:

›› **Quanto à integridade geométrica e dimensional do material**, podendo ser classificados como ensaios destrutivos e ensaios não destrutivos. Os ensaios destrutivos são ensaios mecânicos, que provocam a inutilização parcial ou total da peça ou componente. Os exemplos desse tipo de ensaio incluem tração, compressão, dureza, flexão, fadiga, impacto, fluência e torção. Nos ensaios não destrutivos, a integridade da peça ou componente não é comprometida. Seus exemplos incluem líquidos penetrantes, raios X, raios y, ultrassom e partículas magnéticas.

›› **Quanto à velocidade de aplicação da carga**, podendo ser classificados como ensaios estáticos, ensaios dinâmicos e ensaios com carga constante. Nos **ensaios estáticos**, a carga é aplicada de forma lenta. Os ensaios de tração, compressão, flexão, torção e dureza são estáticos. Nos **ensaios dinâmicos**, a carga é aplicada de forma rápida ou cíclica, e isso ocorre nos ensaios de impacto e de fadiga, por exemplo. O ensaio de fluência é um exemplo de **ensaio com carga constante**, que é aplicada durante um longo período.

Na sequência serão abordados importantes ensaios e análises adotados na indústria mecânica, empregados na classificação e na seleção de materiais disponíveis, sendo eles: ensaios destrutivos, ensaios não destrutivos e análise metalográfica. O ensaio de dureza será incluído na categoria de ensaios destrutivos, embora não inutilize a peça ensaiada em determinados casos.

3.2 Ensaios destrutivos

Em Mecânica e áreas correlatas, seja para projeto e produção de pequenos ou grandes componentes, é fundamental o conhecimento do comportamento do material de trabalho e de suas propriedades mecânicas em várias condições de aplicação. Tais condições envolvem: temperaturas, tipo de cargas e sua frequência de aplicação, desgaste, conformabilidade, entre outras. Para que se possa prever o comportamento do material em condições de trabalho, é necessário obter os parâmetros de comportamento, determinados por meio de ensaios mecânicos destrutivos.

No caso específico das propriedades mecânicas, os produtos têm de ser projetados e fabricados com os requisitos necessários para suportar solicitações de esforços em condições de trabalho. Para saber se os materiais apresentam tais requisitos, faz-se uso dos ensaios mecânicos de tração, impacto, fadiga, fluência, dureza e outros. Além destes, serão abordados os ensaios de fabricação, que estão intimamente relacionados aos processos de manufatura.

3.2.1 Ensaio de tração

Em relação aos comportamentos elástico e plástico dos materiais de engenharia, eles podem ser avaliados pelo ensaio de tração, que é um dos ensaios mecânicos mais importantes e utilizados na indústria para a caracterização mecânica devido à alta reprodutividade e à fácil execução.

Ele é bastante utilizado como teste para o controle das especificações da entrada de matéria-prima. Os resultados fornecidos pelo ensaio de tração são fortemente influenciados pela temperatura, pela velocidade de deformação, pela anisotropia do material, pelo tamanho de grão, pela porcentagem de impurezas, bem como pelas condições ambientais.

Na Figura 3.1 é apresentada uma ilustração do equipamento utilizado para a realização do ensaio de tração, que consiste na aplicação de uma carga uniaxial crescente em um corpo de prova específico até a ruptura.

Ensaios e Caracterização dos Materiais

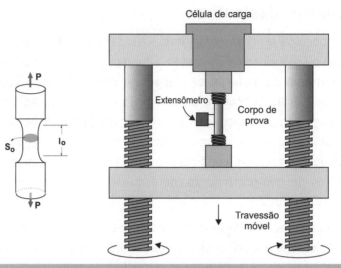

Figura 3.1 – Esquema ilustrativo do equipamento de ensaio de tração.

Esse tipo de ensaio utiliza corpos de prova preparados segundo normas técnicas convencionais. Parâmetros como velocidade e temperatura da realização do ensaio e as dimensões do corpo de prova são padronizados por meio da norma adotada, uma vez que há peculiaridades entre os materiais. Um elastômero requer uma velocidade de ensaio superior ao cobre, por exemplo.

No ensaio de tração, mede-se a variação no comprimento (Δl) como função da carga trativa (P) aplicada ao corpo de prova (Figura 3.2a). No Sistema Internacional de Unidades (SI), utiliza-se como unidade de medida o Newton (N) para carga (P) e o metro (m) para a variação de comprimento (Δl), que também é conhecida como alongamento. Os resultados de P × Δl são transformados em gráficos de tensão (σ) × deformação (ε) de engenharia (Figura 3.2b).

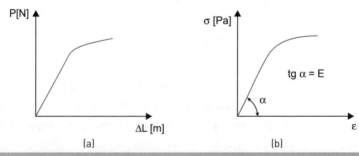

Figura 3.2 – (a) Curva carga (P) × variação do comprimento (Δl); (b) curva tensão (σ) × deformação (ε) de engenharia.

A **tensão de engenharia** (σ) está representada na Equação 2.1 do Capítulo 2 sobre propriedades dos materiais, que se refere à tensão normal.

A **deformação de engenharia** (ε) é dada por:

$$\varepsilon = \frac{l - l_o}{l_o} = \frac{\Delta l_o}{l_o} \qquad \text{(Equação 3.1)}$$

em que: ε = deformação (adimensional);

l_o = comprimento inicial de referência (carga zero) (m);

l = comprimento de referência para cada carga P aplicada (m).

O levantamento da curva tensão de tração pela deformação sofrida pelo corpo constitui o resultado do teste de tração. Na Figura 3.3 é mostrado o esboço da curva típica obtida no ensaio de tração de um corpo de prova padrão, notando-se as regiões elástica e plástica no corpo de prova até a ruptura no ponto F.

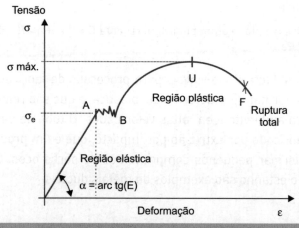

Figura 3.3 – Curva típica tensão (σ) × deformação (ε) de engenharia.

Por meio da relação tensão-deformação de engenharia representada na Figura 3.3, nota-se que a deformação é proporcional à carga se esta não excede a tensão que compreende o limite elástico. Essa relação é conhecida como lei de Hooke e é frequentemente explicitada em termos da **tensão proporcional à deformação**, definindo uma dependência linear entre a carga e a deformação. O elastômero (ou borracha) é um exemplo de um material que, apesar de satisfazer às condições de um corpo elástico, não apresenta comportamento linear entre tensão e deformação.

A lei de Hooke pode ser considerada válida abaixo da tensão de escoamento (σ_e). A **tensão de escoamento** ou **limite de escoamento** é o nível de tensão em que a deformação plástica tem início. Abaixo desse nível, a tensão média é proporcional à deformação média, ou seja:

$$\sigma = E \cdot \varepsilon \qquad \text{(Equação 3.2)}$$

em que **E** é uma constante, denominada **módulo de elasticidade longitudinal**, **módulo de Young** ou **módulo de rigidez**, cuja unidade usual é **GPa**. Esse módulo auxilia a determinar a propriedade mecânica denominada rigidez.

EXEMPLO

Unidades de medida

1 Pa = 1 N/m²

1 MPa = 10^6 Pa = 1 N/mm²

1 GPa = 10^9 Pa

Logo, por exemplo, o alumínio (Al) apresenta E = 70 GPa = 70 · 10^3 MPa = 70 · 10^9 Pa.

Os metais dúcteis são viáveis para processos de fabricação mecânica que conformam por deformação plástica, e que são realizados em temperatura ambiente e em altas velocidades. O tubo de pasta dental pode ser fabricado por extrusão por impacto, que é um processo utilizado para formar pequenos comprimentos de perfis ocos. O cobre, o alumínio e o estanho são exemplos de metais dúcteis.

SAIBA MAIS!

Normalmente, considera-se que limite de proporcionalidade, limite elástico e limite ou tensão de escoamento são iguais, principalmente para mensurar a resistência dos materiais. No entanto, apesar de serem valores muito próximos, são diferentes conforme as definições a seguir.

» **Limite de proporcionalidade:** é o ponto em uma curva tensão-deformação onde cessa a proporcionalidade linear entre a tensão e a deformação.

» **Limite elástico:** é o ponto em uma curva tensão-deformação onde cessa o comportamento elástico.

» **Limite de escoamento (σ_e):** é a tensão necessária para produzir uma quantidade de deformação plástica muito pequena, porém específica.

Para mais informações sobre o tema, consulte as obras:

CALLISTER JR., W. D.; RETHWISCH, D. G. **Fundamentos da ciência e engenharia de materiais**: uma abordagem integrada. 4. ed. Rio de Janeiro: LTC, 2014.

GARCIA, A.; SPIM, J. A.; SANTOS, C. A. **Ensaios dos materiais**. 2. ed. Rio de Janeiro: LTC, 2012.

Após o escoamento, a tensão necessária para continuar a deformação plástica em metais aumenta até um valor máximo (ponto U, na Figura 3.3) e, então, diminui até a fratura (ou ruptura) do material, no ponto F. A resistência à tração ou tensão máxima ($\sigma_{máx.}$ ou **limite de resistência à tração – LRT** ou *ultimate tensile strenght* **– UTS**) é a carga máxima dividida pela área da seção reta transversal inicial do corpo de prova.

$$\sigma_{máx} = \frac{P_{máx}}{S_o} \qquad \text{(Equação 3.3)}$$

O limite de resistência à tração corresponde à tensão máxima que pode ser sustentada por uma peça ou um componente que se encontra sob tração. Toda deformação até esse ponto é uniforme ao longo da região estreita do corpo de prova que se encontra sob tração.

Além de definir a elasticidade, a plasticidade e a rigidez do material, a curva tensão-deformação do ensaio de tração permite analisar se o material ensaiado é dúctil ou frágil, e outras propriedades, como resiliência, tenacidade e maleabilidade, por exemplo.

A resistência à tração é o valor mais frequentemente citado nos resultados de um ensaio de tração apesar de, na realidade, ser um valor com muito pouca importância fundamental com relação à resistência do material.

Para materiais dúcteis, a resistência à tração deveria ser considerada como uma medida da carga máxima que um metal pode suportar com as condições muito restritas de carregamento uniaxial. Esse valor possui pouca relação com a resistência útil do metal sob condições mais complexas de tensão, que são normalmente encontradas. Para materiais frágeis, a resistência à tração é um critério válido para projetos.

Os limites de resistência à tração podem variar desde 50 MPa, para alumínio, até valores elevados, da ordem de 3.000 MPa, para aços de elevada resistência. Normalmente, quando a resistência de um metal é citada para fins de projeto, a tensão limite de escoamento é o parâmetro utilizado. Este é o caso, pois, no momento em que a tensão correspondente ao limite de resistência à tração chega a ser aplicada, com frequência a estrutura já experimentou tanta deformação plástica que ela já se tornou inútil. Além disso, normalmente as resistências à fratura não são especificadas para fins de projetos de engenharia.

A resistência à fratura corresponde à tensão aplicada quando da ocorrência da fratura.

ATENÇÃO!

> Por muitos anos, foi costume basear a resistência de peças na resistência à tração, adequadamente reduzida por um fator de segurança. A tendência atual é para uma aproximação mais racional a fim de se embasar o projeto estático de metais dúcteis na tensão de escoamento. Entretanto, devido à longa prática do uso da resistência à tração para determinar a resistência dos materiais, ela tornou-se uma propriedade muito familiar e, como tal, é uma identificação muito útil de um material, da mesma maneira que a composição química para identificar um metal ou uma liga. Além do mais, por ser uma propriedade bem reprodutível e de fácil obtenção, ela é útil para fins de especificações e para o controle de qualidade de um produto.

EXEMPLO

Por meio da curva tensão-deformação de engenharia (σ-ε) obtida no ensaio de tração da liga ZA27 (Zn-27%Al, percentual em massa), determine:

» a tensão de escoamento (σ_e);
» a tensão máxima ($\sigma_{máx.}$);
» o módulo de elasticidade longitudinal (E);
» a deformação na fratura (ε_f);
» o módulo de resiliência (U_r);
» módulo de tenacidade (U_t).

Comente sobre a resistência mecânica da liga.

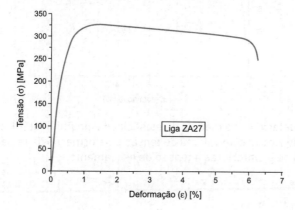

Solução:

a. Para determinar a tensão de escoamento, utiliza-se a construção de uma linha reta paralelamente à parte elástica da curva tensão-deformação, a partir de uma pré-deformação específica de 0,2%.

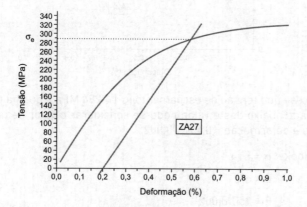

Tensão de escoamento (σ_e) = 284 MPa.

Observação: quando o início do escoamento não é nítido como aquele mostrado no ponto A da Figura 3.3, adota-se o critério da utilização de uma pré-deformação específica, como exemplificado aqui. Por exemplo, utiliza-se 0,2% para aços e ligas em geral; 0,5% para cobre e suas ligas e materiais de elevada ductilidade; e 0,1% para materiais metálicos muito duros, como aços ferramenta.

b. A tensão máxima ($\sigma_{máx.}$) = 326 MPa, conforme indicação na curva a seguir:

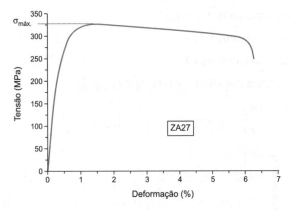

c. Para determinar o módulo de elasticidade longitudinal (E), aplica-se a lei de Hooke com valores de tensão e deformação da região elástica, ou seja, anteriores à tensão de escoamento.

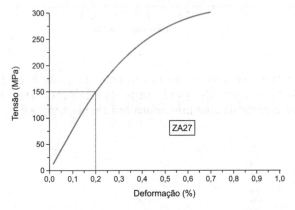

Sabendo-se que tensão de escoamento (σ_e) = 284 MPa e que há proporcionalidade abaixo deste valor, pode-se considerar o valor de tensão = 150 MPa e deformação = 0,2% = 0,002.

Lei de Hooke: $\sigma = E \cdot \varepsilon$

$E = \sigma/\varepsilon$

$E = 150/0{,}002$

$E = 75.000$ MPa = 75 GPa.

d. A deformação na fratura (ε_f) é um valor importante, pois permite mensurar a ductilidade do material metálico, e pode ser obtido por meio de uma análise simples da curva tensão-deformação:

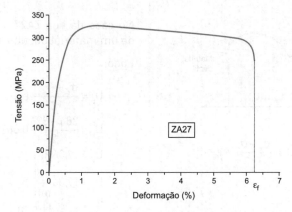

Deformação na fratura (ε_f) = 6,25% = 0,0625 (lembrando que a deformação é adimensional).

O valor de deformação apresentado é de material dúctil, conforme a curva tensão-deformação da liga ZA27.

e. O módulo de resiliência (U_r) pode ser calculado pela ½ área do triângulo ($A = b \cdot h / 2$).

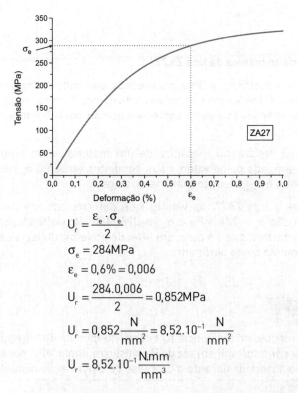

$$U_r = \frac{\varepsilon_e \cdot \sigma_e}{2}$$

$\sigma_e = 284 \text{MPa}$

$\varepsilon_e = 0,6\% = 0,006$

$$U_r = \frac{284 \cdot 0,006}{2} = 0,852 \text{MPa}$$

$$U_r = 0,852 \frac{N}{mm^2} = 8,52 \cdot 10^{-1} \frac{N}{mm^2}$$

$$U_r = 8,52 \cdot 10^{-1} \frac{N.mm}{mm^3}$$

Ensaios e Caracterização dos Materiais

f. O módulo de tenacidade (U_t) considera o comportamento do material dentro do campo elástico e plástico (área total no diagrama ou curva tensão-deformação).

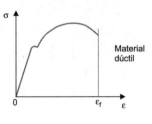

$$U_t = \frac{\sigma_e + \sigma_{máx.}}{2}\varepsilon_e$$

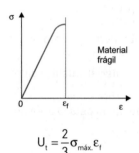

$$U_t = \frac{2}{3}\sigma_{máx.}\varepsilon_f$$

No caso da liga ZA27, trata-se de um material dúctil.

Logo:

$$U_t = \frac{\sigma_e + \sigma_{máx.}}{2}\varepsilon_f$$

$$U_t = \frac{284 + 326}{2}0{,}0625$$

$$U_t = 19{,}06\,MPa$$

$$U_t = 19{,}06\,\frac{N}{mm^2}$$

$$U_t = 19{,}06\,\frac{N \cdot mm}{mm^3}$$

Resistência mecânica da liga ZA27

A resistência mecânica é uma propriedade que pode ser representada por tensões, definidas em condições particulares. Tensões representam a resposta interna aos esforços externos que atuam sobre uma área em um corpo.

No caso da resistência mecânica de um material, essa propriedade pode ser avaliada pelos valores das seguintes tensões: σ_e (tensão de escoamento) e $\sigma_{máx.}$ (tensão máxima de tração).

Logo, para a liga ZA27, os valores que determinam sua resistência mecânica são σ_e = 284 MPa e $\sigma_{máx.}$ = 326 MPa. Ressaltando que, para materiais dúcteis, que é o caso, em nível de projetos, utiliza-se a tensão de escoamento como parâmetro.

ATENÇÃO!

Tanto no módulo de resiliência (U_r) como no módulo de tenacidade (U_t) opta-se por N·mm/mm³ em vez de Pa ou seu múltiplo MPa, por se tratar de energia absorvida durante o processo de deformação do material.

3.2.2 Ensaio de compressão

Trata-se do ensaio mecânico em que se aplica uma carga que comprime um corpo de prova entre duas placas, sendo uma móvel e a outra fixa (a mesa), conforme ilustrado na Figura 3.4a. Em termos mecânicos, trata-se do mesmo princípio aplicado na conformação mecânica do forjamento livre. À medida que o corpo de prova é comprimido, sua altura é reduzida e sua seção transversal aumenta. A tensão de engenharia também está representada na Equação 2.1 do Capítulo 2, referindo-se à tensão normal.

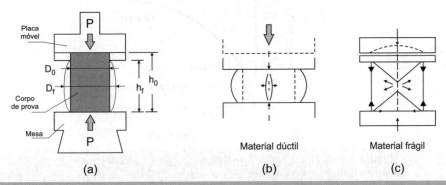

Figura 3.4 – (a) Ensaio de compressão; (b) comportamento dúctil; e (c) comportamento frágil.

A **deformação de engenharia (ε)** é dada por:

$$\varepsilon = \frac{h - h_o}{h_o} = \frac{\Delta h}{h_o} \qquad \text{(Equação 3.4)}$$

em que ε = deformação (adimensional);

h_o = altura inicial de referência (carga zero) (m);

h = altura de referência para cada carga P aplicada (m).

O forjamento de metais dúcteis em matriz aberta é um exemplo de operação em que o material apresentará comportamento similar ao mostrado na Figura 3.4b, ocorrendo o efeito de **embarrilamento**, em função do fluxo livre do material na região central e do atrito entre o material e as placas (superior e inferior). A compressão direta ou indireta em conformação de metais é muito mais comum do que operações envolvendo a tração do material. A laminação e a extrusão são outros exemplos de processos de manufatura que envolvem compressão. O comportamento frágil, representado na Figura 3.4c, é comum em materiais como o concreto e o ferro fundido cinzento, por exemplo.

Na Figura 3.5 está representada uma comparação entre o ensaio de tração e compressão para o ferro fundido cinzento, em que se nota que esse material é mais resistente em condições de compressão. Isso se deve à presença de trincas microscópicas que tendem a se propagar em condições de tração. O ensaio de compressão é influenciado pelas mesmas variáveis do ensaio de tração.

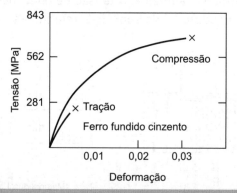

Figura 3.5 – Comparação entre as curvas dos ensaios de tração e de compressão do ferro fundido cinzento.

3.2.3 Ensaio de flexão

O **ensaio de flexão** é utilizado para testar a resistência de materiais utilizando uma configuração em que um corpo de prova, cuja seção transversal pode ser retangular, é posicionado entre dois suportes e uma carga é aplicada em seu centro. Neste caso específico, trata-se do ensaio de flexão em três pontos, conforme Figura 3.6a. Outra possibilidade de realização desse ensaio é em quatro pontos (Figura 3.6b).

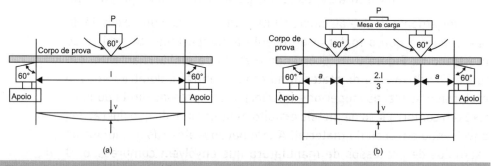

Figura 3.6 – Ensaios de flexão: (a) em três pontos e (b) em quatro pontos.

Esse ensaio é indicado para materiais duros e frágeis (por exemplo, cerâmicas), que apresentam elasticidade sem plasticidade ou praticamente nenhuma plasticidade. As cerâmicas não respondem bem a um ensaio de tração tradicional, em função de problemas na preparação dos corpos de prova, possíveis desalinhamentos das garras que seguram o corpo de prova e defeitos críticos que podem estar localizados fora do comprimento útil do ensaio de tração. Esses materiais frágeis se deformam elasticamente até a iminência da fratura. A falha usualmente ocorre porque o limite de resistência à tração das fibras externas do corpo de prova é ultrapassado. Isso resulta em **clivagem**, um modo de falha associada a cerâmicas e metais aplicados em baixas temperaturas de trabalho, em que ocorre a separação ao longo de determinados planos cristalográficos em vez de escorregamento.

O valor de resistência derivado do ensaio de flexão é denominado de **resistência à ruptura transversal** ou **resistência à flexão**, e considerando-se que o ensaio de flexão seja em três pontos e que o corpo de prova seja retangular, esse valor pode ser obtido da seguinte forma:

$$\sigma_{rf} = \frac{1 \cdot 5 P \ell}{W \cdot t^2} \qquad \text{(Equação 3.5)}$$

em que: σ_{rf} = resistência à flexão, MPa;

P = carga aplicada no momento da fratura, N;

l = comprimento do corpo de prova entre os apoios, mm;

w = largura, mm;

t = espessura da seção transversal do corpo de prova, mm.

Os resultados do ensaio de flexão podem variar com a temperatura, a velocidade de aplicação da carga, os defeitos superficiais e as características microscópicas e com a geometria da seção transversal do corpo de prova empregado.

O ensaio de flexão também pode ser empregado em certos materiais não frágeis, como os polímeros termoplásticos. Nesse caso, devido ao material ser susceptível a se deformar em vez de se romper ou fraturar, a resistência à flexão não é determinada com base na falha do corpo de prova. Em vez disso, usa-se a carga registrada em determinado nível de deflexão ou a deflexão observada em uma determinada carga.

> **ATENÇÃO!**
>
> No caso de materiais dúcteis, quando sujeitos às condições de flexão, são capazes de suportar grandes deformações plásticas, ocorrendo dobramento do corpo de prova, não fornecendo assim resultados quantitativos qualificados para esse tipo de ensaio. Para esses materiais, o ensaio em condições de flexão trata-se de um ensaio de fabricação denominado dobramento.

Em processos de manufatura, a flexão estará presente em operações de dobramento empregadas na conformação mecânica de chapas metálicas, por exemplo. O processo de dobramento de uma seção transversal retangular submete o material a tensões trativas na metade externa da seção curvada, e tensões compressivas na metade interna.

3.2.4 Ensaio de torção

Processos de manufatura que envolvem o cisalhamento são comuns na indústria. A ação de cisalhamento é utilizada em operações de corte, como o puncionamento de chapas metálicas; e na usinagem, em que a remoção de material ocorre pelo mecanismo de deformação de cisalhamento. O comportamento em cisalhamento também é importante em elementos de fixação, como rebites e parafusos, e outros componentes mecânicos, como motores de arranque, turbinas aeronáuticas e outros.

O **ensaio de torção** é utilizado para obter a tensão e a deformação de cisalhamento de um material, consistindo na submissão de um corpo de prova geralmente cilíndrico maciço ou tubular de paredes finas a um torque, como mostrado na Figura 3.7. Conforme o torque aumenta, o tubo se deforma torcendo, representando deformação de cisalhamento para essa geometria.

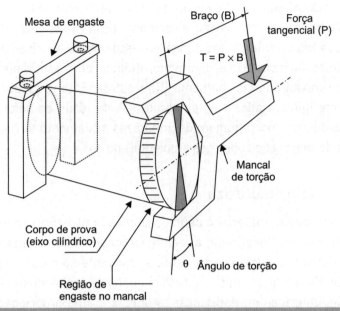

Figura 3.7 – Exemplo de configuração para o ensaio de torção.

A tensão de cisalhamento, considerando-se um corpo de prova cilíndrico tubular de paredes finas, pode ser determinada no ensaio de torção por:

$$\tau = \frac{T}{2\pi R \cdot t^2} \qquad \text{(Equação 3.6)}$$

em que: τ = tensão de cisalhamento, MPa;

T = torque aplicado, N.mm;

R = raio do tubo medido até o eixo neutro da parede, mm;

t = espessura da parede, mm.

A deformação de cisalhamento pode ser determinada medindo a quantidade de deflexão angular do tubo, convertendo esse valor em uma distância defletida, e dividindo pelo comprimento de medida L. Reduzindo isso à seguinte expressão:

$$\gamma = \frac{R\theta}{L} \qquad \text{(Equação 3.7)}$$

em que θ = deflexão angular ou ângulo de torção (radianos).

De forma análoga à curva tensão-deformação de engenharia obtida no ensaio de tração, a curva tensão-deformação de cisalhamento fornecerá resultados importantes como limite de escoamento ao cisalhamento, limite de resistência ao cisalhamento, módulo de elasticidade transversal ou módulo de cisalhamento (G) e outros. Esses resultados são fortemente influenciados por temperatura, velocidade de deformação, tamanho de grão, porcentagem de impurezas, tratamento térmico, anisotropia do material e condições ambientais do ensaio.

3.2.5 Ensaio de dureza

A dureza de um material é definida como sua resistência a uma deformação plástica localizada, à identação (impressão) permanente. O material com boa dureza geralmente é resistente ao riscamento e ao desgaste. Para muitas aplicações em engenharia, incluindo muitas ferramentas utilizadas em fabricação, a dureza é uma propriedade mecânica importante. Por exemplo, a pastilha de metal duro tem que ser mais dura do que o metal a ser usinado.

A **escala Mohs** compreende um sistema qualitativo construído unicamente em função da habilidade de um material riscar outro material mais dúctil, variando de 1, para o talco (menor dureza da escala), até 10, para o diamante (maior dureza). Trata-se de um dos primeiros ensaios de dureza e baseia-se em minerais naturais. Com o passar dos anos, foram desenvolvidas técnicas quantitativas de dureza, nas quais um pequeno penetrador padronizado é forçado contra a superfície de um material a ser testado, sob condições controladas de carga e de taxa de aplicação. O equipamento que permite a realização desse ensaio é o durômetro. A profundidade ou o tamanho da impressão resultante é medida e, então, relacionada a um número de dureza; quanto mais dúctil for o material, maior e mais profunda será a impressão, e menor será o número índice de dureza.

Os ensaios de dureza são realizados com maior frequência que qualquer outro ensaio destrutivo em função dos baixos custos, rapidez e conveniência, geração de apenas uma pequena impressão e, além disso, a existência de forte correlação entre dureza e resistência mecânica. Os resultados de dureza podem variar em função de tratamentos aplicados ao material, como tratamentos térmicos, mecânicos, temperatura e condições superficiais.

Há uma variedade de ensaios de dureza devido à diferença de valores encontrados em diferentes materiais, em que cada tipo de ensaio é mais apropriado para determinada faixa de dureza. Os ensaios de dureza abordados nesta obra são: Brinell, Rockwell, Vickers, Knoop e Dureza por Escleroscópio (ou por Rebote). Esses ensaios de dureza estão representados na Figura 3.8.

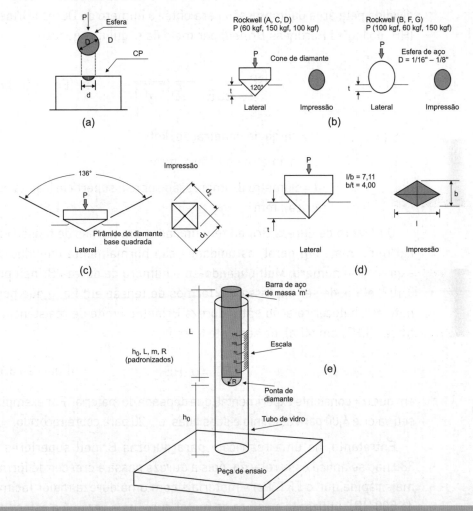

Figura 3.8 – Ensaios de dureza: (a) Brinell; (b) Rockwell; (c) Vickers; (d) Knoop; e (e) por Escleroscópio.

As durezas medidas são apenas relativas (ao invés de absolutas), e deve-se tomar cuidado ao comparar valores determinados por técnicas diferentes.

O **ensaio de dureza Brinell** foi proposto inicialmente em 1900 pelo engenheiro sueco James A. Brinell, e é comumente empregado para testar metais e não metais de baixa ou média dureza. Nesse ensaio, representado na Figura 3.8a, pressiona-se uma esfera de aço endurecido (ou de metal duro) de 10 mm de diâmetro contra a superfície de um corpo de prova utilizando-se uma carga de 500, 1.500 ou 3.000 kgf. A impressão gerada tem o formato de uma calota esférica. A carga é dividida pela área da impressão para obter o número de Dureza Brinell (HB, do inglês Hardness *Brinell*) por meio da seguinte equação:

$$HB = \frac{2P}{\pi D (D - \sqrt{D^2 - d^2})}$$
(Equação 3.8)

em que: P = carga de penetração, kgf;

D = diâmetro da esfera, mm;

d = diâmetro da impressão sobre a superfície (calota esférica), mm.

O número de dureza Brinell tem unidades em termos de tensão em kgf/mm^2, mas, em geral, as unidades são normalmente omitidas ao expressar o número. Multiplicando-se o número de dureza Brinell por 0,102, ela pode ser expressa em termos de tensão em Pa, o que permite estabelecer relação entre dureza Brinell e limite de resistência à tração (LRT, em MPa), da seguinte forma:

$$LRT = \alpha \cdot HB$$
(Equação 3.9)

em que α = constante experimental, que depende do material. Por exemplo, seu valor é 4,00 para alumínio e suas ligas, e 5,20 para cobre recozido.

Entretanto, há uma restrição: para durezas Brinell superiores a 380 não se aplica essa relação, pois a dureza passa a crescer de forma mais rápida que o LRT. Para materiais com uma dureza maior (acima de 500 HB), utiliza-se a esfera de metal duro, uma vez que a esfera de aço endurecido experimenta deformação elástica que compromete a precisão da medida, e são empregadas cargas mais elevadas (1.500 e 3.000 kgf). Em função de diferenças nos resultados para cargas diferentes, considera-se boa prática indicar a carga utilizada no ensaio quando se mencionam as leituras *HB*.

O **ensaio de dureza Rockwell** recebeu o nome do metalúrgico que o propôs no início da década de 1920. Nesse ensaio, um penetrador de formato esférico ou cônico é pressionado contra o corpo de prova, utilizando uma pré-carga de 10 kgf, assentando o penetrador no material. No caso da esfera, o diâmetro d = 1,6 ou 3,2 mm. Em seguida, uma carga principal de 150 kgf (ou outro valor) é aplicada, fazendo com que o penetrador entre no corpo de prova de determinada distância além de sua posição inicial. Essa distância de penetração adicional é convertida em uma leitura de dureza Rockwell pelo durômetro – vide Figura 3.8b. As diferenças no carregamento e na geometria do penetrador fornecem várias escalas Rockwell para materiais diferentes. As escalas mais comuns estão representadas na Tabela 3.1, em que HR vem de Hardness Rockwell.

Tabela 3.1 – Escalas típicas de dureza Rockwell

Escala e símbolo de dureza	Penetrador	Carga (kgf)	Materiais testados
A (HRA)	Cone	60	Carbonetos, cerâmicas
B (HRB)	Esfera (d =1,6 mm)	100	Metais não ferrosos
C (HRC)	Cone	150	Metais ferrosos, aços ferramenta

O **ensaio de dureza Vickers** também foi desenvolvido no início da década de 1920, recebendo este nome da Companhia Vickers-Armstrong Ltda., que fabricou as máquinas para esse tipo de ensaio. Conforme mostrado na Figura 3.8c, o ensaio baseia-se na utilização de um penetrador de forma piramidal feito de diamante. As impressões produzidas pelo penetrador são geometricamente similares independente da carga aplicada. Dessa forma, cargas de diferentes valores são aplicadas, dependendo da dureza do material a ser medido. O valor da dureza Vickers (HV, de Hardness Vickers) pode ser obtido por:

$$HV = \frac{1,854P}{d_1^2}$$ (Equação 3.10)

em que P = carga aplicada, kgf, e d_1 = diagonal da impressão feita pelo penetrador, mm; conforme indicado na Figura 3.8c. Trata-se do ensaio que pode ser utilizado para todos os metais e possui uma das mais amplas escalas entre os ensaios de dureza.

O **ensaio de dureza Knoop** foi desenvolvido em 1939 e utiliza um penetrador de forma piramidal, e a pirâmide apresenta uma razão entre comprimento (l) e largura (b) de aproximadamente 7:1, conforme indicado na Figura 3.8d, e as cargas aplicadas são em geral menores do que as utilizadas no ensaio Vickers. Trata-se de um ensaio de microdureza, o que significa que é adequado para medir corpos de prova pequenos e finos ou materiais com dureza e fragilidade elevadas que possam fraturar, se neles forem aplicadas cargas elevadas. O formato do penetrador facilita a leitura da impressão resultante das cargas mais leves do ensaio. O valor de dureza Knoop (*HK, de Hardness Knoop*) pode ser obtido por:

$$HK = 14,2\frac{P}{\ell^2}$$ (Equação 3.11)

em que P = carga, gf; e l = maior diagonal do penetrador, μm. Uma vez que a impressão feita neste ensaio é normalmente muito pequena, um cuidado considerável deve ser tomado ao preparar a superfície a ser medida.

A **dureza por escleroscópio (ou por rebote)** consiste na utilização de um equipamento que mede a altura do percurso de retorno de uma barra com ponta de diamante (penetrador) que cai de uma determinada distância sobre a superfície do material testado. O nome do primeiro equipamento fabricado comercialmente para esse método foi escleroscópio, daí a origem de uma das nomenclaturas do método. O equipamento mede a energia mecânica absorvida pelo material quando o penetrador atinge a superfície. A energia absorvida fornece uma indicação de resistência à penetração, que é consistente com a definição de dureza. Se mais energia for absorvida, o retorno (ou rebote) será menor, significando maior ductilidade do material analisado. Se menos energia for absorvida, o retorno será maior, tratando-se de um material mais duro. Sua aplicação parece estar na medição de dureza de grandes peças de aços e outros metais ferrosos. Desse método, destaca-se a **dureza Shore**, representada na Figura 3.8e, em que as escalas Shore A e Shore D são indicadas para a medição de dureza de elastômeros menos duros e mais duros, respectivamente. São usadas também para plásticos dúcteis como poliolefinas e vinis.

3.2.6 Ensaio de impacto

O impacto, também conhecido como choque, está presente em muitos exemplos de carregamento, como a fixação de um prego com um martelo, a quebra de um bloco de concreto com uma britadeira, a colisão de veículos, a soltura das rodas de um veículo em um buraco na estrada, e outros.

O ensaio de impacto tem como principal aplicação caracterizar o comportamento dúctil-frágil dos materiais como função da temperatura, possibilitando a determinação da faixa de temperaturas na qual um material sofre a denominada transição dúctil-frágil, caso isso ocorra. Ele torna possível determinar as características de fratura dos materiais sob altas taxas de carregamento, pois a carga é aplicada na forma de esforços por choque (dinâmicos), e o impacto é obtido por meio da queda de um martelo ou pêndulo, de uma altura determinada, sobre o corpo de prova, conforme mostrado na Figura 3.9.

As massas utilizadas nos ensaios são intercambiáveis, com diferentes pesos e podendo cair de alturas variáveis. Os ensaios mais conhecidos são Charpy e Izod, dependendo da configuração geométrica do entalhe e do modo de fixação do corpo de prova na máquina de ensaio (Figura 3.9). No **ensaio Charpy**, que é o mais popular nos Estados Unidos, o corpo de prova é posicionado de forma horizontal e seu entalhe fica no lado oposto em relação ao martelo; e no **Izod**, mais popular na Europa, o corpo de prova é posicionado de forma vertical e seu entalhe fica no lado que ocorrerá o contato com martelo. Os entalhes são concentradores de tensões nesses ensaios mecânicos.

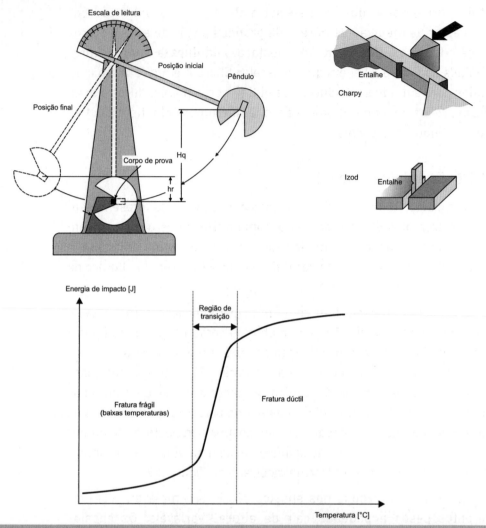

Figura 3.9 – Configuração do ensaio de impacto e a disposição da amostra nos ensaios Charpy e Izod, e transição dúctil-frágil.

Como resultado do ensaio, obtém-se a tenacidade ao impacto do material, além da resistência ao impacto relacionando-se a energia absorvida com a área da seção resistente. Variáveis que incluem o tamanho e a forma do corpo de prova, assim como a configuração e a profundidade do entalhe, influenciam os resultados dos testes. O ensaio de impacto é utilizado nas indústrias naval e bélica, destacando-se as construções que deverão suportar baixas temperaturas. Além dos materiais metálicos, também são muito aplicados em polímeros e cerâmicas.

3.2.7 Ensaio de fluência

A deformação plástica dependente do tempo de materiais metálicos submetidos a uma carga (ou tensão) constante e em temperaturas superiores a aproximadamente $0,4T_f$ (ponto de fusão) é denominada fluência. Os materiais de engenharia, de forma frequente, são expostos a condições de operações por longos períodos sob condições de elevada temperatura e tensão mecânica estática. Essas condições de exposição são favoráveis a alterações de comportamento dos materiais em função do processo de difusão dos átomos, do movimento de discordâncias, do escorregamento de contornos de grão e da recristalização. O ensaio de fluência serve para a análise desse comportamento. Apesar de a definição apresentada no início do parágrafo se referir a materiais metálicos, a fluência pode ocorrer em qualquer material.

Esse ensaio consiste na aplicação de uma carga inicial e constante em um material durante um período de tempo, quando submetido a temperaturas elevadas, conforme mostrado na Figura 3.10. O objetivo do ensaio é a determinação da vida útil do material nessas condições.

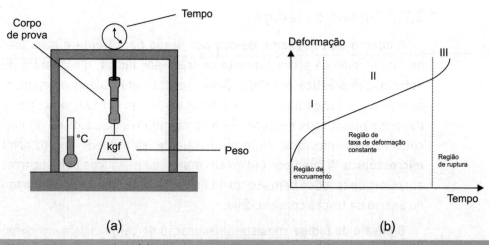

(a)　　　　　　　　　　　(b)

Figura 3.10 – Esboços de: (a) máquina de ensaio de fluência e (b) curvas de ensaio de fluência.

Conforme mostrado na Figura 3.10b, uma curva típica de ensaio de fluência, considerando deformação em função do tempo, normalmente exibirá três regiões distintas:

1. **transiente** (ou primária), caracterizada pelo decréscimo contínuo da taxa de fluência e diminuição da inclinação da curva com o tempo, em função do aumento da resistência à fluência provocado pelo encruamento;

2. **estacionária** (ou secundária), em que a taxa de fluência é essencialmente constante e a curva apresenta-se com aspecto linear, em função do equilíbrio que ocorre entre dois fenômenos atuantes e competitivos que são o encruamento e a recuperação; e

3. **terciária**, em que ocorre uma aceleração na taxa de fluência, culminando com a ruptura do corpo de prova.

Entre os principais materiais ensaiados em fluência, podem ser citados os empregados em indústria aeroespacial, instalações de refinarias petroquímicas, usinas nucleares, tubulações, turbinas etc. Esse ensaio não constitui um ensaio de rotina devido ao grande tempo necessário para a sua realização, motivo pelo qual foram desenvolvidas técnicas de extrapolação de resultados para longos períodos e ensaios alternativos em condições severas.

3.2.8 Ensaio de fadiga

A quebra de um arame de aço por flexão para frente e para trás de forma repetida é um exemplo de falha por fadiga, que resulta da **deformação plástica repetida**. Sem o escoamento plástico repetido, as falhas por fadiga não podem ocorrer. As falhas por fadiga ocorrem, de forma típica, após milhares ou mesmo milhões de ciclos de minúsculos escoamentos que, de forma frequente, só existem em um **nível microscópico**. A falha por fadiga em materiais metálicos pode ocorrer em níveis de tensões bem abaixo do limite de escoamento determinado no ensaio de tração convencional.

O **ensaio de fadiga** consiste na aplicação de carga cíclica em corpo de prova apropriado e padronizado segundo o tipo de ensaio a ser realizado. Trata-se de um ensaio mecânico de grande aplicação nas indústrias automobilística e aeronáutica, desde pequenos componentes até estruturas, como asas e longarinas. O ensaio de fadiga mais utilizado em outras modalidades de indústria é o ensaio de flexão rotativa, conforme mostrado na Figura 3.11a, e variações no tipo de solicitação mecânica também podem ser aplicadas, como tração e compressão uniaxiais e cisalhamento.

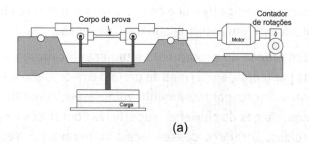

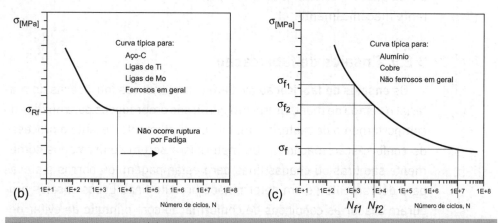

Figura 3.11 – Esboços de: (a) máquina de ensaio de flexão rotativa, (b) e (c) curvas de ensaio de fadiga.

O ensaio de fadiga pode fornecer dados quantitativos relativos às características de um material ou componente ao suportar, por longos períodos, sem que ocorra fratura (ou ruptura), cargas repetitivas e/ou cíclicas. Analisando a curva σ-N (ou curva de Wohler) de materiais ferrosos, ligas de molibdênio e ligas de titânio (Figura 3.11b), nota-se que ela apresenta um limite de tensão tal que, para valores abaixo desse limite, o corpo de prova nunca sofrerá ruptura por fadiga. Esse limite de tensão é conhecido como limite de resistência à fadiga (σ_{Rf}), e a curva σ-N; nesse ponto, toma a forma de um patamar horizontal. A maioria das ligas não ferrosas (de alumínio, de cobre e outras) não apresenta limite de resistência à fadiga, já que a tensão decresce continuamente com o número de ciclos de aplicação de carga, conforme visto na Figura 3.11c. Nesse caso, a fadiga é caracterizada pela resistência à fadiga (σ_f), que é a tensão na qual ocorre ruptura para um número arbitrário de ciclos de aplicação de carga. Outro parâmetro importante na caracterização do comportamento diante da fadiga de um material

Ensaios e Caracterização dos Materiais

é a vida em fadiga (N_f), que consiste no número de ciclos que causará a ruptura para um determinado nível de tensão.

Em função do escoamento altamente localizado poder iniciar uma falha por fadiga, em termos de projeto é necessário prestar atenção em todos os locais potencialmente vulneráveis, como furos, cantos vivos, roscas, rasgos de chavetas, superfícies com riscos e regiões ou pontos corroídos. O reforço desses locais vulneráveis é frequentemente tão eficaz quanto fabricar todo o componente de um material mais resistente mecanicamente.

3.2.9 Ensaios de fabricação

Os **ensaios de fabricação** avaliam características intrínsecas do material na etapa de manufatura. Em geral, são empregados para análise do comportamento de materiais metálicos diretamente durante o processo de conformação mecânica. Os materiais a serem conformados comumente são tiras ou chapas finas para estampagem, ou barras e placas para dobramento de um determinado produto final. Esses ensaios procuram avaliar as condições de conformação com o intuito de evitar defeitos como rugas, trincas de bordas (no caso da estampagem de copos) ou outras geometrias. Além disso, são empregados na determinação dos esforços envolvidos entre a ferramenta de conformação e o material de trabalho nas diferentes situações existentes em um processo.

Os dois tipos de ensaios de fabricação bastante difundidos na indústria de conformação mecânica são o **ensaio de embutimento** e o **ensaio de dobramento**. O ensaio de embutimento avalia a estampabilidade de chapas e/ou tiras, e seus diferentes tipos de ensaios para essa forma de avaliação estão representados nas Figuras 3.12a, 3.12b e 3.12c, sendo, de forma respectiva, o ensaio Erichsen e Olsen, ensaio Swift e o ensaio Fukui. O ensaio de dobramento serve para avaliar a conformação de segmentos retos de seção circular, quadrada, retangular, tubular ou em segmentos curvos. As etapas do ensaio de dobramento estão representadas na Figura 3.12, sendo 3.12d antes, 3.12e durante e 3.12f depois da realização do ensaio.

O **ensaio Erichsen**, muito utilizado na Europa e no Japão, consiste em avaliar a deformação gerada por um punção esférico em um corpo de prova, que é uma tira metálica (*blank*) na forma de disco, preso em uma matriz (Figura 3.12a). Por meio desse ensaio, mede-se a máxima penetração do punção que corresponde à profundidade do copo que foi formado, para a qual não tenha ocorrido a ruptura da tira, ou que a ruptura seja incipiente. A profundidade do copo gerado, expressa em milímetros, representa o índice de ductilidade Erichsen.

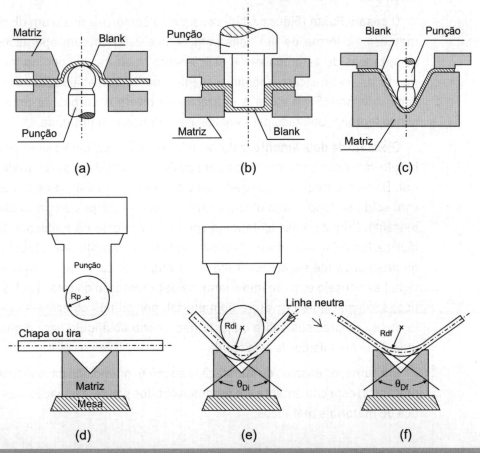

Figura 3.12 – Ensaios de fabricação: (a) ensaio Erichsen e Olsen; (b) ensaio Swift; (c) ensaio Fukui; (d), (e) e (f) as etapas do ensaio de dobramento.

O **ensaio Olsen** (Figura 3.12a), é mais difundido nos Estados Unidos e é semelhante ao ensaio Erichsen, diferindo-se apenas em algumas dimensões do ferramental como o diâmetro da cabeça externa. O corpo de prova também tem forma de disco e é fixado na matriz. Durante o teste, são medidas continuamente a carga e a altura do copo. O índice de ductilidade Olsen é obtido pela altura do copo, em milésimos de polegada, quando a carga começa a cair.

O **ensaio Swift** (Figura 3.12b) consiste na deformação de um disco metálico preso em uma matriz por meio de um punção cilíndrico. O resultado é obtido pela relação entre o diâmetro máximo do disco e o diâmetro do punção que provoca a ruptura da peça. Nesse ensaio, é necessária a utilização de diversos corpos de prova, sendo aplicado em estampagem profunda.

O **ensaio Fukui** (Figura 3.12c) consiste na conformação de um disco metálico na forma de um cone com vértice esférico com operações simultâneas de estampagem e estiramento. A altura do copo no momento da fratura corresponde a medida de estampabilidade, assim como o ensaio Swift exige a utilização de diversos corpos de prova, sendo também utilizado para análise de estampagem profunda.

O **ensaio de dobramento** trata-se de um ensaio qualitativo simples e barato, que pode ser empregado para avaliar a ductilidade de um material. De forma frequente, é usado para controle de qualidade de juntas com solda de topo. Tanto o equipamento como os corpos de prova são bastante simples, possibilitando a condução do teste no ambiente de fábrica. Em relação ao corpo de prova, pode ter forma cilíndrica, tubular ou prismática (de seção quadrada ou retangular), como uma pequena viga. Esse ensaio é muito importante na determinação do retorno elástico (*springback*) de curvatura do material, permitindo obterem-se valores físicos precisos sobre o ajuste necessário ao ângulo para o qual uma determinada curva seja obtida.

Em suma, os ensaios de fabricação são muito difundidos na indústria mecânica, especificamente em produtos obtidos por conformação plástica de materiais metálicos.

3.3 Ensaios não destrutivos

Os **ensaios não destrutivos** são realizados sobre peças semiacabadas ou acabadas, que não destroem ou inutilizam as mesmas (no todo ou em parte). São métodos utilizados na inspeção de materiais e equipamentos sem danificá-los, sendo executados nas etapas de fabricação, construção, montagem e manutenção, sendo, portanto, importantes em diversos setores industriais. Há grande aplicação em setores como os de manutenção e inspeção de máquinas e motores, e, dependendo do tipo de ensaio a ser aplicado, esses ensaios podem proporcionar baixos custos de utilização, praticidade e rapidez de execução.

Os defeitos que podem ser analisados pelos ensaios não destrutivos incluem trincas e fissuras (superficiais, subsuperficiais e internas); defeitos típicos de fundição, laminação, usinagem e de recobrimento; descontinuidades, inclusões e segregações; falta de penetração de soldas; defeitos originados por fadiga; defeitos ocasionados por corrosão e outros.

De forma geral, suas vantagens incluem: a realização do ensaio que ocorre diretamente nos elementos; podem ser realizados em todos os elementos constituintes de uma estrutura; as regiões críticas de um mesmo componente podem ser examinadas de forma simultânea; auxiliam a manutenção preventiva; o não descarte dos materiais e peças de altos custos de produção; a pouca ou nenhuma necessidade de preparação de amostras; a portatilidade de equipamentos e materiais empregados como consumíveis; e o fato de serem mais baratos e mais rápidos do que os ensaios destrutivos.

As desvantagens incluem o envolvimento de medições indiretas de propriedades, o comportamento em serviço da peça ensaiada é resultado de um significado indireto, os resultados são geralmente qualitativos e poucas vezes quantitativos, e existe a necessidade de experiências prévias na interpretação das indicações dos ensaios.

Dentre os ensaios não destrutivos, destacam-se: inspeção visual, líquidos penetrantes, raios X, raios γ, ultrassom e partículas magnéticas. Na Figura 3.13 são mostrados alguns destes tipos principais de ensaios não destrutivos utilizados industrialmente, sendo (a) líquidos penetrantes, (b) raios X e (c) ultrassom.

O **ensaio visual** consiste na observação visual da peça (ou componente). Trata-se de uma técnica simples para detectar não somente falhas na superfície ou distorções na estrutura, mas também o grau de acabamento e de formato de uma peça. Caso a peça apresente uma falha passível de identificação a olho nu, o processo poderá ser interrompido antes da próxima etapa. A experiência do profissional que realiza essa avaliação exerce grande influência nos resultados, que dependem também das condições de acesso ao local e da iluminação do ambiente.

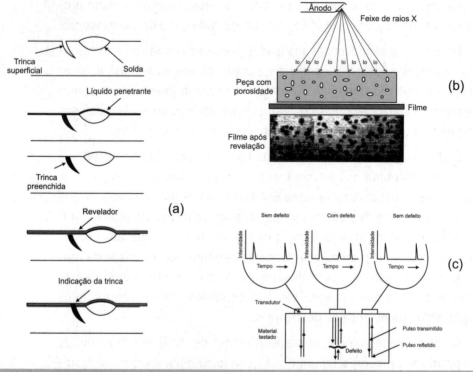

Figura 3.13 – Ensaios não destrutivos: (a) líquidos penetrantes, (b) raios X e (c) ultrassom.

O **ensaio por líquidos penetrantes** envolve as seguintes etapas: limpeza do material, aplicação de uma camada de líquido penetrante na superfície a ser ensaiada, remoção do excesso e, com a utilização de um revelador, é possível identificar a região em que existe penetração do líquido, indicando trinca no material (Figura 3.13a).

A denominada **radiografia industrial** é utilizada na detecção de falhas e fundamenta-se no mesmo princípio da radiografia clínica usada nos seres humanos. Como diferença, pode-se citar o fato de empregar doses de radiação 10 vezes maiores do que a radiografia clínica, o que exige um nível de segurança elevado. O princípio básico de funcionamento consiste em emitir os raios X ou raios γ. Uma parte da radiação é absorvida pelo material e a outra parte irá atravessá-lo, sensibilizando o filme e produzindo uma imagem. O ensaio por raios X está representado na Figura 3.13b. Em comparação com o ensaio por raios X, o ensaio com raios γ permite maiores variações de espessura do objeto, sem perda de qualidade da imagem.

O **ensaio por ultrassom** é muito difundido na avaliação ou inspeção da qualidade de vários componentes das indústrias aeroespacial, automobilística, petroquímica e outras. Baseia-se na utilização de ondas ultrassônicas para detecção interna de defeitos em materiais ou para a medição de espessura de paredes e detecção de corrosão. Nesse ensaio, uma onda ultrassônica pulso-ecoante é enviada através do material. Quando a onda é interrompida e, então, parcialmente devolvida, fornece informações como localização e orientação de imperfeições e a espessura da parede do material. Um dos métodos de ensaio por ultrassom é o método de reflexão, que utiliza pulsos ultrassônicos e está representado na Figura 3.13c.

O ensaio por ultrassom apresenta como vantagem uma boa sensibilidade na detecção de descontinuidades internas. Para isso, não requer planos especiais de segurança e/ou quaisquer acessórios para sua realização. Diferentemente do ensaio por raios X ou por raios γ, não necessita de revelação de um filme para obter os resultados. Estes podem ser obtidos apenas pela análise dos dados mostrados na tela do equipamento. Como principal limitação, o método exige intenso investimento em treinamento de pessoal para realização da análise.

O **ensaio por partículas magnéticas** consiste em submeter uma peça ferromagnética, ou parte dela, a um campo magnético. Na região magnetizada da peça, as descontinuidades existentes causarão um campo de fuga do fluxo magnético. A aplicação de partículas magnéticas (óxido de ferro ou limalha de ferro) provoca a aglomeração destas nos campos de fuga presentes na peça, uma vez que serão atraídas pelos campos devido ao surgimento de polos magnéticos. A aglomeração das partículas indicará o contorno do campo de fuga, fornecendo a visualização do formato e da extensão da descontinuidade.

3.4 Análise metalográfica

Em tecnologia dos materiais e de manufatura, constata-se a influência do processo de fabricação na estrutura e, consequentemente nas propriedades dos materiais de engenharia sendo, portanto, crucial em função das propriedades almejadas, o conhecimento sobre o histórico de fabricação (elementos constituintes, processos de transformação) e da estrutura obtida.

A **metalografia** pode ser definida como o exame ou a análise da estrutura de um material ou amostra metálica por meio de uma superfície devidamente polida e geralmente atacada com um reagente específico. É uma ferramenta muito importante para a caracterização e o controle de materiais metálicos. Compreende o estudo da estrutura em nível de micro e de macroestrutura.

Na Figura 3.14 é mostrado um lingote bruto de fusão obtido por processo de solidificação unidirecional, em sentido oposto ao do fluxo de extração de calor. Nota-se que o material metálico se constitui por macroestrutura (no caso colunar e equiaxial) e por microestrutura.

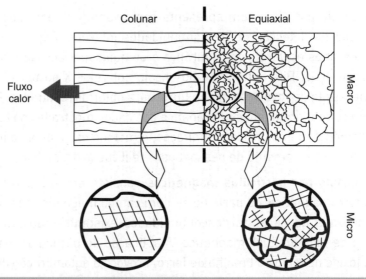

Figura 3.14 – Representação esquemática das macro e microestruturas de um lingote fundido com transição colunar/equiaxial.

Considerando a devida preparação do material, a macroestrutura pode ser observada a olho nu, ou com aumento óptico de até 10 vezes. A microestrutura pode ser observada com aumento óptico superior a 10 vezes. No caso da Figura 3.14, na macroestrutura visualizam-se os grãos colunares e equiaxiais, e na microestrutura, o arranjo da dendritas nos grãos.

A macroestrutura pode ser coquilhada (região pequena mais próxima do molde), colunar e equiaxial.

ATENÇÃO!

Em relação à estrutura colunar e à equiaxial (Figura 3.14), a estrutura colunar é anisotrópica, pois exibe valores diferentes de propriedades para diferentes direções em relação ao ponto considerado; já a estrutura equiaxial é praticamente isotrópica. Na isotropia, as propriedades são iguais independentemente da direção escolhida em relação ao ponto considerado.

As principais aplicações da metalografia são:

- **Revelação de defeitos cristalinos em materiais metálicos:** tamanho de grão, linhas de fluxo, tipos de estruturas, variação de composição química (como regiões de segregação, carbonetos, sulfetos, inclusões, zonas carbonetadas e descarbonetadas), a presença de vazios, porosidades, trincas e fraturas.

- **Estudo das estruturas de juntas soldadas:** profundidade de penetração do metal de adição, definição da zona afetada pelo calor e da zona fundida, além de poros e trincas.

- **Em tratamentos térmicos:** utilizada para a determinação de regiões de endurecimento ou fragilização, trincas de têmpera, avaliação da profundidade do tratamento superficial etc.

- **Na área de manutenção:** utilizada para a observação de trincas em ferramentas e matrizes.

- **No processamento de materiais metálicos:** utilizada como controle de qualidade de lingotes produzidos pelo processo de lingotamento contínuo, possibilitando a observação de inclusões, segregação e estrutura, como também a presença de trincas externas e internas.

As regiões de interesse da análise metalográfica nos produtos finais dos principais processos de manufatura são apresentadas a seguir:

- **Tarugos, placas, blocos e laminados:** geralmente, observa-se a seção transversal em relação ao comprimento do lingote ou laminado, permitindo a análise da estrutura, segregação, inclusões, trincas, dobras, podendo-se também analisar a seção longitudinal para verificação de trincas externas e internas, bandas de segregação, vazios, poros etc.

- **Forjados e extrudados:** cortes transversais em relação ao comprimento permitem a visualização de escamas e fendas, enquanto cortes longitudinais mostram linhas de fluxo do material durante as etapas de conformação.

- **Tiras e tiras finas:** se laminadas, geralmente, observa-se somente a seção transversal, e em alguns casos, somente um quarto dessa seção. Para o caso de lingotadas, analisam-se as seções transversais e longitudinais.

- **Peças soldadas:** corte perpendicular à direção de soldagem permite a visualização da penetração do cordão de solda, zona afetada pelo calor e zona fundida, e, dependendo da localização do cordão de solda, a observação de trincas e poros.

- **Fundidos:** corta-se a amostra de acordo com defeito ou característica que se deseja observar.

3.4.1 Laboratório de metalografia

O laboratório de metalografia geralmente é composto por equipamentos cujo princípio de funcionamento é relativamente simples, mas, apesar disso, um treinamento adequado e uma leitura cuidadosa dos manuais é algo fundamental para desenvolver uma boa preparação das amostras.

Entre os principais materiais e componentes que constituem um laboratório metalográfico, destacam-se:

- **Material de consumo:** compreende os reagentes químicos e demais acessórios (detergentes, álcool, vidraria etc.), discos de corte lisos ou rugosos, baquelite em pó para embutimento das amostras, resina líquida e catalisador, lixas com diferentes granulometrias (100, 120, 220, 320, 400, 500, 600, 800, 1.000, 1.200, 1.500), pano de polimento para uso com pasta de diamante ou alumina, pasta de diamante com diferentes granolumetrias (6,00; 1,00; e 0,25 μm), alumina em suspensão (1,0; 0,3; e 0,5 μm).

- **Politriz lixadeira** metalográfica rotativa com controle de rotações e dispositivo de lixamento a seco ou úmido.

- **Prensa embutidora** para resinas termorrígidas e termoplásticas, com sistema de refrigeração, manômetro de pressão e timer eletromecânico para operações automáticas de embutimento e refrigeração das amostras.

- **Cortadora metalográfica** para materiais ferrosos e não ferrosos.
- **Equipamento de ultrassom** para limpeza das amostras por meio da aplicação de ondas ultrassônicas, agindo sobre uma solução de limpeza e criando milhões de bolhas que, ao implodirem na superfície das amostras, expulsam a sujeira.
- **Capela de exaustão** de gases para realização dos ataques das amostras com reagentes químicos.
- **Microscópio óptico** metalográfico para amostras de dimensões maiores e sistema de deslocamento da amostra, possibilitando ou não o acoplamento com câmeras fotográficas ou sistema de aquisição de imagens.
- **Bancada metalográfica** composta por microscópio óptico com maiores aumentos (10 a 1.000 vezes), sistema de deslocamento da amostra com controle macro e micrométrico, câmera digital e sistema de captura, processamento e análise de imagem.

Na Figura 3.15 é mostrado um esboço de equipamentos de um laboratório de metalografia.

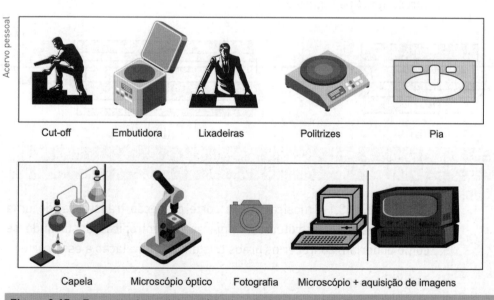

Figura 3.15 – Esquema de um laboratório de metalografia, destacando as diversas etapas.

3.4.2 Procedimento experimental

Será descrito o procedimento experimental para a análise metalográfica de um material.

» **Corte:** utiliza-se máquina de corte com disco abrasivo e refrigeração para evitar excesso de deformação na superfície a ser analisada para cada tipo de material, e de acordo com sua faixa de dureza há discos mais adequados. Por exemplo, ligas não ferrosas dúcteis (ligas de alumínio, latão, bronze) ou materiais ferrosos (aços-carbono, aços endurecidos), utiliza-se disco de carbeto de silício (SiC). No caso de materiais de alta dureza, como é o caso de materiais cerâmicos (alumina, nitreto de titânio, sílica vítrea, quartzo etc.), utiliza-se discos diamantados. A escolha da seção de corte (longitudinal ou transversal), dependendo da amostra, também é levada em consideração, de acordo com o que se pretende observar.

Dependendo da região de interesse, pode-se efetuar a retirada das amostras nos planos longitudinais, transversais, planar, conforme apresentado na Figura 3.16.

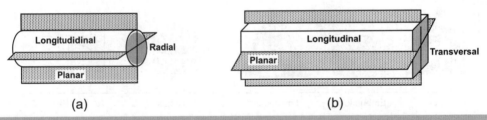

(a) (b)

Figura 3.16 – Principais planos de retirada de amostras em produtos: (a) cilíndricos; (b) planos.

Na Figura 3.17, mostra-se um corte da seção transversal de uma barra apresentado estruturas isotrópicas e anisotrópicas, destacando-se como poderiam aparecer os grãos cristalinos em relação a esse corte.

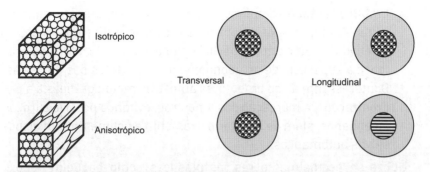

Figura 3.17 – Exemplo de cortes na seção longitudinal e transversal em barra para obtenção de amostras para observação: (a) material isotrópico; (b) material anisotrópico.

O Quadro 3.1 apresenta possíveis defeitos e suas respectivas causas no corte de amostras metálicas com discos abrasivos.

Quadro 3.1 – Defeitos e causas observadas no corte de amostras metálicas com discos abrasivos

DEFEITOS	CAUSAS
Quebra do disco	» Disco de corte indicado para velocidades de rotação menores do que 3.400 rpm » Velocidade de avanço excessiva do disco de corte » Disco de corte pressionado excessivamente contra a amostra » Fixação deficiente do disco de corte » Fixação inadequada da amostra » Refrigeração irregular e consequente aquecimento do disco » Disco de corte muito duro
Aquecimento excessivo	» Refrigeração insuficiente » Baixa velocidade do disco de corte » Inadequação do disco de corte
Desgaste excessivo do disco	» Disco de corte muito dúctil » Refrigeração irregular » Rolamentos defeituosos » Fixação deficiente do disco de corte
Formação de rebarbas	» Disco de corte muito duro » Disco de corte com granulometria grosseira » Corte efetuado muito rápido

▸▸ **Embutimento:** o embutimento da amostra é necessário para facilitar as etapas subsequentes da preparação da amostra com o objetivo de obter uma superfície plana e paralela, além de proteger a superfície de arredondamento nos cantos das amostras. O interessante de se embutir as amostras metalográficas é a padronização e a marcação das amostras, evitando possíveis trocas ou enganos, além de facilitar o lixamento e polimento com dispositivos automáticos.

Utiliza-se normalmente resinas plásticas como baquelite, epóxi, acrílica, poliéster etc. A escolha do tipo de embutimento também é importante, pois algumas ligas metálicas de baixo ponto de fusão não devem sofrer aquecimento por apresentarem mudanças na microestrutura em temperatura da mesma ordem utilizada para a "cura" da resina. Nesse caso, devem ser utilizadas resinas de "cura" a frio, como poliéster ou epóxi. Com exceção destes casos, as amostras são embutidas geralmente em baquelite, um termorrígido que exige a aplicação de pressão para compactação e aquecimento para o processo de sinterização (aproximadamente 200 °C), condições obtidas por meio de uma máquina de embutimento. Outra possibilidade é a preparação de dispositivos mecânicos para fixação das amostras, dependendo do tamanho, da configuração geométrica e da disponibilidade dos aparelhos de lixamento e de polimento.

ATENÇÃO!

O processo de embutimento com baquelite requer alguns minutos para estar pronto, enquanto, quando se utiliza resina epóxi, o tempo é de no mínimo 12 horas – lembrando que esse tempo é função do tipo de catalisador empregado.

O controle da temperatura e da pressão deve ser cuidadoso, uma vez que a estrutura da maioria dos metais é extremamente sensível a esses parâmetros. No Quadro 3.2 são mostrados os principais defeitos, as causas e as medidas corretivas para o processo de embutimento das amostras metalográficas.

Quadro 3.2 – Defeitos, causas e correções para o embutimento

DEFEITO	CAUSA	CORREÇÃO
Fenda circunferencial	» Absorção de umidade » Dissolução gasosa durante o embutimento	» Aquecer a resina previamente » Diminuir momentaneamente a pressão de embutimento durante o estágio de fusão da resina
Fenda radial	» Seção da amostra muito grande para uma pequena área de embutimento » Corpos de prova com arestas	» Aumentar o tamanho da área de embutimento » Reduzir o tamanho da amostra
Ausência de fusão	» Pressão de embutimento insuficiente » Tempo insuficiente para a temperatura de cura » Aumento da área superficial de material em pó	» Usar a pressão de embutimento adequada » Aumentar o tempo de cura » Com pó: fechar rapidamente o cilindro de embutimento e aplicar pressão para eliminar pontos de cura esparsos
Flocos de algodão	» Ausência de fusão da resina » Resina úmida	» Aumentar o tempo de aquecimento » Secar a resina antes do seu uso

» **Identificação:** a marcação das amostras embutidas pode ser efetuada utilizando um gravador vibratório, gravador com prensa, lápis elétrico ou mesmo um punção, e deve ser feito diretamente no corpo de prova ou em uma chapa metálica colada na amostra embutida.

» **Lixamento:** o processo de lixamento, manual ou automático, tem como objetivo a remoção da camada de material que sofreu deformação durante o corte e a obtenção de uma superfície plana e paralela, facilitando assim o polimento posterior.

As amostras são lixadas gradativamente na sequência de lixas, partindo da de granulometria mais grosseira para as de granulometria mais fina, sendo que valores numéricos menores implicam em lixas com tamanho de grãos maiores e vice-versa. A sequência mais usual de lixamento consiste na utilização das lixas de desbaste 100 ou 180 *mesh*, e as de lixamento 220, 320, 400, 500, 600, 1.000 ou 1.200 *mesh*, dependendo do tipo de ataque e da estrutura que se pretende revelar.

EXEMPLO

Em relação à granulometria das lixas, encontraremos as seguintes representações: #100, 100 *mesh* ou 100 granas/pol.[2]. As três significam a mesma coisa, isto é, compreendem a mesma granulometria de lixa.

Em cada lixa, a amostra deve ser lixada no mesmo sentido, sendo que na lixa seguinte, deve-se alternar em 90° o sentido de lixamento. A passagem de uma lixa para outra de granulometria menor deve ser feita quando não mais existirem riscos da lixa anterior visíveis a olho nu. É fundamental que nas mudanças de lixas, as amostras estejam limpas, incluindo a mão do operador, o que deve ser realizado com uma lavagem de água e detergente, evitando a contaminação de abrasivos entre as diferentes lixas. Deve-se utilizar a lixa apropriada para o material metálico considerado, assim, é preciso escolher entre as lixas para materiais ferrosos e as para materiais não ferrosos. Geralmente, as lixas conhecidas como lixas d'água são de carbeto de silício, podendo-se encontrar também lixas de coríndon. Antes de iniciar o processo propriamente dito de lixamento, recomenda-se o arredondamento dos cantos vivos da amostra para evitar que rasguem as lixas, fazendo um chanfro com a lixa grossa nas laterais da face a ser atacada. Não se devem lixar amostras não embutidas em lixadeiras rotativas, e sim em lixas de cinta.

Recomenda-se a utilização de líquido refrigerante, na maioria das vezes água, podendo também ser álcool ou querosene, para retirada do material extraído da superfície da amostra por cisalhamento durante as etapas de lixamento, bem como evitar um possível aquecimento da camada superficial do material, o que poderia implicar em mudanças estruturais, principalmente no caso de processos de lixamento mecânico.

A pressão aplicada sobre a amostra também é fundamental no lixamento, já que ela influencia diretamente na profundidade dos riscos na superfície da amostra e, consequentemente, na profundidade da camada deformada. Essa variável é mais significativa no caso de materiais extremamente dúcteis ou extremamente duros, em que, no primeiro caso, é muito difícil evitar a deformação da superfície do material, e, no segundo, a remoção de riscos deixados pela lixa anterior é dificultada. Assim, pode-se concluir que quanto maior for a dureza do material, menor será a profundidade do risco, mas, em contrapartida, mais difícil será a remoção dos riscos.

Para o caso de lixamento manual (em lixas de cinta), a amostra deverá ser deslocada sobre a lixa de trás para frente e vice-versa, também utilizando água de refrigeração. Esse método é mais aplicado no caso de corpos de prova do próprio material ou no caso de amostras com dimensões incompatíveis com a lixadeira rotativa.

Após o lixamento, segue-se uma lavagem cuidadosa, geralmente uma limpeza com ultrassom e secagem.

» **Polimento:** esta etapa pode ser considerada uma das mais importantes no processo de preparação de amostras metalográficas, principalmente no caso de micrografias. O polimento tem como objetivo deixar a amostra sem riscos, permitindo boa visualização ao microscópio óptico. Pode ser manual ou automático em politrizes rotativas, e ambos os polimentos são efetuados em um disco coberto com pano e uma suspensão abrasiva.

O abrasivo deve ter um tamanho de partícula uniforme e específico, apresentar alta dureza, ser inerte e ter baixo coeficiente de atrito, sendo o abrasivo a base de diamante o mais empregado em laboratórios metalográficos. Outros abrasivos comumente utilizados são: óxido de alumínio (alumina em suspensão), óxido de magnésio, óxido de cromo e óxido de cério, usando água ou álcool como agente lubrificante.

Na Tabela 3.2 são mostrados os principais parâmetros operacionais empregados no polimento de amostras de aço-carbono e ferro fundido nodular.

Tabela 3.2 – Parâmetros operacionais de polimento de aço-carbono e ferro fundido nodular

Material	Procedimento	Condições de polimento	Sequência I	II	III	IV
Aço 0,5%C (1050) Ferro fundido – 3,8%C, 0,29%Si, 0,6%Mn, 0,3%P	Polimento manual	Granulometria (μm) Pano (textura) Velocidade (rpm) Tempo (s) Pasta diamante Lubrificante	6 Duro 125-250 180 D Álcool	3 Mole 125-250 120 D Álcool	1 Mole 125-250 120 D Álcool	0,25 Veludo 125-250 90 D Álcool
	Polimento automático	Granulometria (μm) Pano (textura) Velocidade (rpm) Tempo (s) Pasta diamante Lubrificante Força de pressão (kgf)	6 Duro 125 180 D Álcool 0,01-0,5	3 Mole 125 120 D Álcool 0,01-0,5	1 Mole 125 120 D Álcool 0,01-0,5	0,25 Veludo 125 90 D Álcool 0,01-0,5
	Polimento manual	Granulometria (μm) Pano (textura) Velocidade (rpm) Tempo (s) Alumina	1 Filtro 300-600 300 A	0,25 Veludo 300-600 180 A		Extra-fina Veludo 300-600 90 A

ATENÇÃO!

Existe também a possibilidade da realização de polimentos eletrolíticos, baseando-se na dissolução anódica da amostra em eletrólito apropriado. Geralmente, esse tipo de polimento é realizado após o lixamento com granulometria 600 mesh; se a amostra estiver embutida, esse deve ser condutor ou permitir a conexão elétrica. Os eletrólitos a base de ácido perclórico e anidrido acético apresentam perigo de explosão e devem ser evitados.

» **Armazenamento:** o armazenamento das amostras deve ser feito em locais isentos de umidade e poeira, bem como de choques com outros materiais e aquecimento excessivo. O ideal é armazenar as amostras em dissecadores, ou seja, recipientes apropriados para a armazenagem e estocagem das amostras, evitando sua oxidação e sua deterioração.

» **Ataque químico:** o ataque químico é realizado para revelar ou realçar detalhes da estrutura (macro e microestrutura) do material metálico, a olho nu ou por meio de microscopia. Cada material necessita de um tipo de ataque químico para revelar os detalhes de sua estrutura ou os defeitos que se deseja observar. Muitas vezes, faz-se necessário uma consulta bibliográfica para a escolha mais adequada dos reagentes.

Uma amostra bem preparada, mesmo antes do ataque químico, pode revelar inclusões, porosidade, trincas, corrosão irregular e condições superficiais, podendo-se também utilizar de artifícios como campo escuro, luz polarizada, contraste de fase etc. O ataque químico é definido como um processo para revelar a estrutura de um material por meio do ataque preferencial sobre a superfície da amostra previamente preparada, utilizando-se uma solução química ácida ou básica, a qual dissolverá ou colorirá regiões distintas do material, permitindo definir as diversas fases ou constituintes do material a ser analisado.

Na Figura 3.18, ilustra-se o princípio do ataque químico pelos reagentes na superfície de uma amostra metálica. Inicialmente, tem-se uma superfície bem preparada após o polimento e essa superfície age como um espelho para o feixe de luz que incide sobre ela, e nenhuma estrutura pode ser observada. Após o ataque químico, o reagente ataca regiões preferenciais, como grãos e contornos de grãos, tornando possível à observação da estrutura com o auxílio de um microscópio óptico.

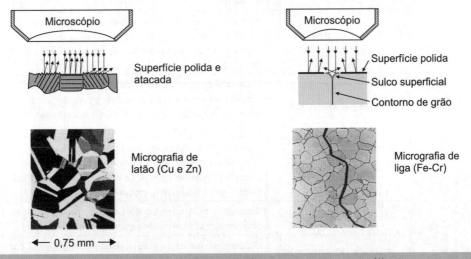

Figura 3.18 – Princípio esquemático do ataque químico em amostras metálicas.

EXEMPLO

O nital ataca quimicamente e revela os contornos de grãos dos aços. O ácido fluorídrico nas ligas alumínio-silício (Al-Si) ataca o Si, revelando a microestrutura do material.

Existem várias técnicas para a realização do ataque químico em uma amostra, sendo que a técnica de imersão da superfície a ser analisada na solução química é a mais usual e simples. O tempo de ataque varia desde alguns segundos até alguns minutos ou dias, dependendo do material, da qualidade dos reagentes e do ataque empregado. No Quadro 3.3 são mostrados os principais métodos de ataque químico em amostras metálicas.

Quadro 3.3 – Principais métodos de ataques químicos

Método	Descrição e notas
Ataque por imersão	A superfície da amostra é imersa na solução de ataque. É o método mais usado.
Ataque por gotejamento	A solução de ataque é gotejada sobre a superfície da amostra. Método usado com soluções reativas dispendiosas.
Ataque por lavagem	A superfície da amostra é enxaguada com a solução de ataque. Usado em casos de amostras muito grandes ou quando existe grande desprendimento de gás durante o ataque.
Ataque alternativo por imersão	A amostra é imersa alternadamente em duas soluções de ataque. As camadas oriundas do ataque com a primeira solução são removidas pela ação do segundo reagente.
Ataque por esfregação	A solução de ataque, embebida em uma porção de algodão ou pano é esfregada sobre a superfície da amostra, o que serve para remover as camadas oriundas da reação.
Ataque-polimento	O polimento é efetuado com a amostra imersa na solução de ataque, a fim de evitar a formação de camadas oriundas da reação química. Esse processo é usado com o polimento mecano-eletrolítico.
Ataque múltiplo e duplo	A amostra é tratada com dois ou mais meios reativos, em que várias fases subsequentes são enfatizadas.
Ataque de identificação	Utilizam-se meios de ataque específicos para realçar certas fases de uma forma característica.

EXEMPLO

Para visualização da macroestrutura de uma liga Al-6%Zn, percentual em massa, resultante de um processo de solidificação unidirecional, um lingote de 100 mm foi secionado longitudinalmente, conforme se observa na Figura 3.19.

Figura 3.19 – Lingote retalhado para a realização das macrografias e micrografias.

Na sequência, metade do lingote foi lixada com lixas de granulação 100, 220, 320 e 400 *mesh*. O ataque químico, foi feito com o reagente de Poulton, que é composto de uma solução composta por 5 mL de ácido fluorídrico (HF), 30 mL de ácido nítrico (HNO_3), 60 mL de ácido clorídrico (HCl) e 5 mL de água (H_2O).

Após a análise da macroestrutura resultante, percebe-se que há predominância de grãos colunares, o que caracteriza material anisotrópico. Além disso, notam-se os grãos equiaxiais no extremo da parte superior do lingote, e o rechupe (fruto da contração do material metálico) se concentrando na região que se solidificou derradeiramente. Percebem-se muitas porosidades visíveis a olho nu na região do rechupe.

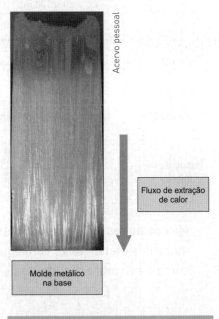

Figura 3.20 – Macroestrutura da liga Al-6%Zn (aumento:1X).

» **Macroataques:** objetivam a visualização da macroestrutura dos materiais metálicos, e consequentemente suas características, como a estrutura resultante de um processo de solidificação, por exemplo.

ATENÇÃO!

Para a análise macroestrutural da liga Al-6%Zn, a amostra não foi polida, passou por lixamento até a granulometria de 400 *mesh* e, posteriormente, foi atacada para revelar a estrutura. Ou seja, a análise macroestrutural geralmente dispensa a etapa de polimento.

No Quadro 3.4 são mostrados alguns reagentes para ataques macrográficos para materiais metálicos como aços, ligas à base de titânio e ligas à base de alumínio.

Quadro 3.4 – Alguns reagentes para ataques macrográficos para materiais metálicos

Reagente	Composição	Materiais indicados
Reativo de Iodo	Iodo sublimado: 10 g Iodeto de potássio: 20 g Água: 100 mL	Aplicação geral em macrografia de ligas ferrosas
Reativo de Ácido Clorídrico	Ácido clorídrico: 50 mL Água: 50 mL (A quente: 70-80°C)	Segregação. Profundidade de regiões temperadas em aços ferramenta. Macrografia de aços inoxidáveis austeníticos (série AISI 300)
Reativo de Fry	Ácido clorídrico: 120 mL Água destilada: 100 mL Cloreto cúprico: 90 mL	Linhas de deformação, em aços com deformação a frio
Reagente de Poulton	Ácido fluorídrico: 5 mL Ácido nítrico: 30 mL Ácido clorídrico: 60 mL Água: 5 mL	Macroestrutura bruta de solidificação de ligas à base de alumínio

» **Microataques:** objetivam a visualização da microestrutura dos materiais metálicos e, consequentemente, suas características, como a estrutura resultante de solidificação, por exemplo.

EXEMPLO

Para visualização da microestrutura de uma liga Al-6%Zn, resultante de um processo de solidificação unidirecional, amostras foram obtidas por meio de corte do lingote, conforme se observa na Figura 3.21.

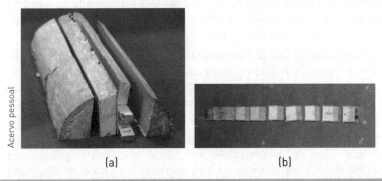

(a) (b)

Figura 3.21 – Esquemas apresentados: (a) retirada das amostras para micrografia; e (b) amostra retalhada para embutimento.

As amostras foram retiradas para embutimento, no qual a baquelite foi o termorrígido utilizado. Lixadas na sequência (100, 220, 320, 400, 600, 1.000 *mesh*) e polidas em pano com pasta de diamante (6, 3 e 1 µm). O ataque químico foi feito com o reagente Keller, que é composto de uma solução de 190 mL de água destilada, 5 mL de ácido nítrico, 3 mL de ácido hidroclorídrico e 2 mL de ácido hidrofluorídrico. O tempo do ataque foi em torno de 10 segundos, dependendo da revelação da microestrutura.

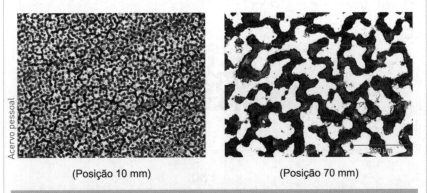

(Posição 10 mm) (Posição 70 mm)

Figura 3.22 – Micrografias da liga Al-6%Zn e respectivas posições relativas ao ponto de extração de calor (paredes de um molde metálico), com o mesmo aumento óptico (100 X), evidenciando o refino da estrutura dendrítica nas posições iniciais (barra de medida com 200 µm).

As microestruturas típicas resultantes são dendritas e são observadas ao longo da seção longitudinal da liga Al-6%Zn (% em massa). As microestruturas são as obtidas nas posições 10 mm (próxima da região de extração de calor e 70 mm (distante da região de extração de calor), a partir da interface metal/molde.

Nota-se que a estrutura na posição 10 mm é mais refinada do que a da posição 70 mm, em função de apresentar taxa de resfriamento maior, uma vez que está mais próxima da região de extração de calor.

Para comparar o grau de refinamento de microestrutura é imprescindível que se utilize o mesmo aumento para as micrografias consideradas (no caso utilizou-se um aumento de 100 X). Percebe-se também que em função disto, as duas micrografias apresentam a mesma barra de referência, com 200 μm.

A microestrutura é a característica mais importante de uma liga metálica, pois as propriedades mecânicas são controladas pelas características microestruturais apresentadas. Por meio do diagrama tensão-deformação de engenharia obtido por ensaio de tração, conclui-se que a microestrutura mais refinada apresenta maior resistência mecânica, conforme curvas mostradas na Figura 3.23.

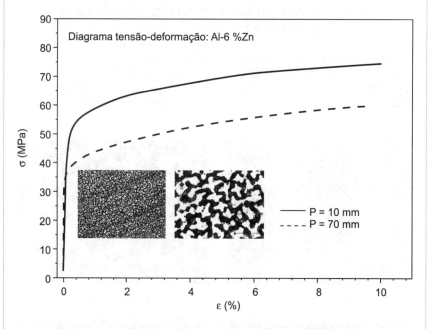

Figura 3.23 – Curvas tensão-deformação de engenharia da liga Al-6%Zn e respectivas posições relativas, com o mesmo aumento óptico (100 X), evidenciando maior resistência mecânica para a microestrutura dendrítica mais refinada.

SAIBA MAIS!

O tamanho de grão influencia nas propriedades dos materiais metálicos e pode ser determinado por análises quantitativas conforme norma específica. Os métodos utilizados são apresentados na Figura 3.24.

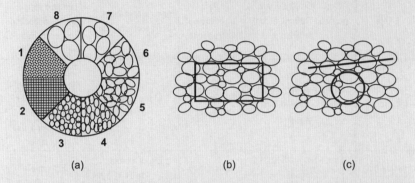

(a) (b) (c)

Figura 3.24 – Métodos de determinação de tamanho de grão: (a) comparação; (b) planimétrico; (c) intersecção.

Para mais informações sobre o tema, consulte:

CALLISTER JR., W. D.; RETHWISCH, D. G. **Fundamentos da ciência e engenharia de materiais**: uma abordagem integrada. 4. ed. Rio de Janeiro: LTC, 2014.

COLPAERT, H. **Metalografia dos produtos siderúrgicos comuns**. 4. ed. São Paulo: Edgard Blucher, 2008.

O Quadro 3.5 apresenta alguns reagentes para ataques micrográficos para materiais metálicos como aços, ligas à base de titânio e ligas à base de alumínio.

Quadro 3.5 – Alguns reagentes para ataques micrográficos para materiais metálicos

Reagente	Composição	Método de aplicação	Materiais indicados	Observações
Nital (3%)	3 mL HNO_3 + 97 mL álcool etílico	Por imersão	Aços carbono em geral	
Picral (4%)	4g ácido pícrico + 96 mL álcool etílico	Por imersão	Aços carbono em geral tratados termicamente	
Ácido oxálico	10 g ácido oxálico + 10 mL H_2O (água)	Eletrolítico	Aços inoxidáveis austeníticos	

Ensaios e Caracterização dos Materiais

Reagente	Composição	Método de aplicação	Materiais indicados	Observações
Nital (5%)	5 mL HNO$_3$ + 95 mL álcool etílico	Por imersão	Aços ferramenta	Não guardar
Vilela	5 mL HCl + 2 g ácido pícrico + 100 mL álcool etílico	Por Imersão ou Esfregação	Aços inoxidáveis, aços ferramenta	Identifica as fases delta e sigma. Revela carbonetos em contornos de grãos austenítico.
HF + HNO$_3$	1 a 3 mL HF + 2 a 6 mL HNO$_3$ + 100 mL H$_2$O (água)	Por esfregação	Ligas à base de Ti	Manuseie com cuidado. HF pode causar sérias queimaduras. HF ataca vidro, use plástico.
HNO$_3$ + H$_2$O	75mL HNO$_3$ + 25mL H$_2$O (água)	Eletrolítico	Ligas à base de Ti	Em capela
HF (0,5%)	0,5% HF e 100 mL de H$_2$O (água destilada)	Por esfregação	Ligas à base de alumínio	Revela estrutura dendrítica
Keller	190 mL de água destilada, 5 mL de ácido nítrico, 3 mL de ácido hidroclorídrico e 2 mL de ácido hidrofluorídrico	Por esfregação	Ligas Al-Zn (série 7xxx)	Revela estrutura dendrítica

▸▸ **Imagens metalográficas:** na Figura 3.25 é mostrada a micrografia da liga ZA27 (Zn-27%Al), percentual em massa, que apresenta estrutura dendrítica.

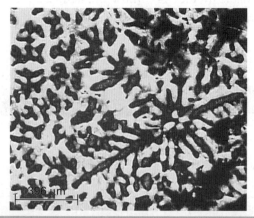

Figura 3.25 – Micrografia da liga ZA27 (Zn-27%Al) com aumento óptico de 32 vezes e com barra de medida com 396 μm. Ataque: reagente de HF (0,5%), restante H$_2$O.

Na Figura 3.26 é mostrada a micrografia do aço 1030, aço-carbono que apresenta 0,30%C (% em massa). Trata-se de um aço hipoeutetoide, cuja microestrutura observada é composta por grãos de ferrita (cor clara) e grãos de perlita (cor escura).

Figura 3.26 – Micrografia do aço 1030 com aumento óptico de 200 vezes e com barra de medida de 100 μm. Ataque: reagente nital (3%).

Na Figura 3.27 é mostrada a micrografia do ferro fundido cinzento, hipoeutético com 3,5%C (% em massa). A microestrutura observada é composta por perlita, ferrita, grafita em veios e steadita. A steadita é um constituinte de natureza eutética, compreendendo partículas de fosfeto de ferro e de carboneto de ferro, apresentando baixo ponto de fusão. Ocorre quando a quantidade de fósforo presente é superior a 0,15%, e em áreas interdendríticas formando uma segregação, pois são as áreas que solidificam derradeiramente.

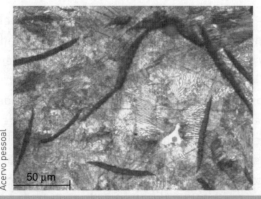

Figura 3.27 – Micrografia de ferro fundido cinzento com aumento de 400 vezes e com barra de medida de 50 μm. Ataque: reagente nital (3%).

Na microscopia óptica, a luz "passeia" pelo sistema, que tem que ser o mais reflexivo possível. Essa técnica é recomendada para aumentos de até 1.000 vezes, permitindo resoluções de cerca de 0,0002 mm (200 nm). Nos microscópios ópticos convencionais, a luz visível é focada por meio de lentes ópticas para proporcionar imagens ampliadas de objetos muito pequenos, com comprimento de onda da luz visível no intervalo de 400 a 700 nm, que é maior que as dimensões dos objetos nanométricos.

Para aumentos superiores, há outras técnicas de análise microestrutural, como as de microscopia eletrônica: microscopia eletrônica de varredura (MEV, ou SEM do inglês *scanning electron microscopy*), com resoluções com variações de 10 até 50.000 vezes, e microscopia eletrônica de transmissão (MET, ou TEM, do inglês *trasmission electron microscopy*), com resolução de até um milhão de vezes, chegando a resoluções de um nanômetro. Na microscopia eletrônica, utiliza-se feixe de elétrons incidindo sobre a amostra em vez do feixe de luz utilizado na microscopia óptica. Os microscópios eletrônicos foram desenvolvidos nos anos 1930. Na microcopia eletrônica de varredura, uma imagem de uma superfície é obtida a partir de elétrons retroespalhados ou refletidos, em que o feixe de elétrons percorre a superfície de um objeto em um padrão de varredura, similar à varredura do raio catódico na superfície de uma tela de televisor. Na microscopia eletrônica de transmissão, que é utilizada com frequência no estudo das discordâncias, a imagem vista é formada por um feixe de elétrons que passa através da amostra ultrafina, interagindo com ela enquanto a atravessa, sendo espalhado e/ou difratado.

Para fazer observações em escala nanométrica, permitindo aplicação em nanotecnologia, que significa ciência aplicada em objetos cujas características têm dimensões que variam de menos de 1 nm a 100 nm (1 nm = 10^{-3} μm = 10^{-6} mm = 10^{-9} m), um aprimoramento em relação ao microscópio eletrônico é o grupo de microscópios de varredura por sonda, que surgiram nos anos 1980, com capacidade de ampliação aproximadamente 10 vezes maior que a de um microscópio eletrônico. Em um microscópio de varredura por sonda (MVS ou SPM – *scanning probe microscope*), a sonda consiste em uma agulha com uma ponta bastante afiada. O tamanho dessa ponta é próximo do tamanho de um único átomo. Durante a operação, a sonda movimenta-se ao longo da superfície de uma amostra a uma distância de apenas um nanômetro, aproximadamente, e qualquer uma das várias características da superfície é medida, dependendo do tipo de dispositivo de varredura por sonda. Os dois microscópios de varredura por sonda de maior interesse são o microscópio de varredura por tunelamento e o microscópio de força atômica.

O **microscópio de varredura por tunelamento** (STM, de *scanning tunneling microscope*) é chamado de microscópio de tunelamento porque sua operação se baseia no fenômeno da mecânica quântica chamado de *tunelamento*, no qual cada elétron em um material sólido salta além da superfície do sólido para o espaço. A probabilidade de os elétrons estarem nesse espaço além da superfície diminui exponencialmente na proporção da distância da superfície. Essa sensibilidade à distância é explorada neste microscópio, posicionando-se a ponta da sonda a 1 nm da superfície e aplicando-se uma pequena diferença de potencial elétrico entre elas. Isso faz com que os elétrons dos átomos da superfície sejam atraídos para a pequena carga positiva da ponta e formem um túnel através do *gap* até a sonda. Conforme a sonda movimenta-se ao longo da superfície, ocorrem variações na corrente resultante devido às posições de cada átomo na superfície. Em contrapartida, se a elevação da ponta acima da superfície puder variar mantendo uma corrente constante, então a deflexão vertical da ponta pode ser medida enquanto ela atravessa a superfície. Essas variações na corrente ou na deflexão podem ser utilizadas para criar imagens da superfície em uma escala atômica ou molecular. Ressaltando que o STM só pode ser utilizado em superfícies de materiais condutores.

O **microscópio de força atômica** (AFM, de *atomic force microscope*) pode ser aplicado em qualquer material; ele usa uma sonda que é fixa a uma haste (viga) que sofre deflexão, em função da força exercida pela superfície na sonda, conforme ela passa pela superfície da amostra. O AFM responde a forças que incluem as forças mecânicas, em virtude do contato físico da sonda com a superfície da amostra, e as forças de não contato, como as forças de Van der Waals, forças de capilaridade, forças magnéticas e outras. A deflexão vertical da sonda é medida de forma óptica, baseando-se no padrão de interferência de um feixe de luz ou na reflexão de um feixe de laser pela viga.

ATENÇÃO!

Em termos tecnológicos, a aplicação dos microscópios de varredura por sonda não se limita a observação de superfícies. Esses instrumentos servem também para a **nanofabricação**, que é a fabricação de itens em escala nanométrica. Os itens incluem filmes (películas), revestimentos, pontos, linhas, fios, tubos, estruturas e sistemas. O microscópio de varredura por tunelamento (STM) e o microscópio de força atômica (AFM) podem ser utilizados para manipular átomos individuais, moléculas ou aglomerados (*clusters*) de átomos ou moléculas que aderem à superfície de um substrato pelas forças de adsorção (ou ligações químicas fracas). Outra técnica de varredura por sonda é a nanolitografia tipo caneta-tinteiro (DPN, de *dip-pen nanolithography*), em que a ponta de um microscópio de força atômica age como a ponta de uma caneta e é utilizada para transferir moléculas para a superfície de um substrato por meio de um menisco do solvente.

Outra técnica de caracterização microestrutural é a difração de raios X, que é usada para determinações da estrutura cristalina e do espaçamento interplanar. Nessa técnica, os átomos de um material cristalino, em função da regularidade de seus espaçamentos, podem causar um padrão de interferência construtiva das ondas presentes em um feixe incidente de raios X, que pode sofrer difração como resultado da sua interação com uma série de planos atômicos paralelos.

RESUMINDO...

Foram descritos no capítulo, os ensaios e as técnicas utilizados para a caracterização de materiais de engenharia. Foram abordados os fundamentos sobre os ensaios mecânicos destrutivos e os ensaios não destrutivos. O capítulo apresentou, ainda, por meio de definições e exemplos, as técnicas de caracterização macro e microestrutural de materiais de engenharia. A nanofabricação também foi estudada, pois microscópios de varredura por sonda podem ser utilizados nela.

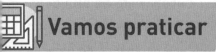

Vamos praticar

1. Defina ensaios de materiais.
2. Por meio de análise das curvas tensão-deformação de engenharia do alumínio comercialmente puro e das ligas de alumínio aeronáuticas (Al-3%Cu-1%Li e Al-6%Zn, com percentuais em massa), cite, em relação a esses três materiais, qual é o mais dúctil, o mais resistente mecanicamente, o mais duro e o mais tenaz.

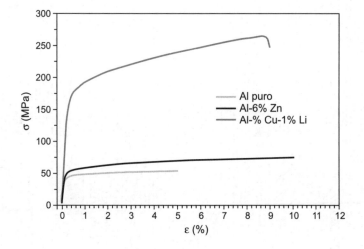

3. De que forma se baseia a medição de dureza nos ensaios Brinell, Vickers, Knoop e Rockwell?
4. Quando se trata de estampagem profunda, quais tipos de ensaios mecânicos são recomendados? Explique.
5. Defina os ensaios não destrutivos. Quais são as vantagens e desvantagens de sua utilização?
6. Explique o princípio de funcionamento do ensaio por ultrassom.
7. Defina metalografia. Quais são as suas principais aplicações?
8. Como podem se apresentar as propriedades do material em função da macroestrutura resultante? Qual é a importância da microestrutura da liga metálica para suas propriedades mecânicas?

9. Um dos materiais mais utilizados para o embutimento é a baquelite. Qual é a sua principal restrição técnica para utilização?

10. Em metalografia, como o ataque químico age na análise de uma amostra?

11. Diferencie microscopia eletrônica de microscopia óptica.

12. Como a microscopia de varredura por sonda pode ser empregada na nanotecnologia?

Capítulo 4

Tecnologia de Manufatura – Processos de Fabricação

Objetivo

Este capítulo define os conceitos básicos pertinentes aos processos de fabricação, apresentando as tecnologias de manufatura presentes nos processos de fundição, conformação mecânica, metalurgia do pó, usinagem (manufatura subtrativa) e união de materiais metálicos. Além disso, aborda processos de fabricação utilizados em cerâmicas, polímeros e compósitos.

4.1 Generalidades

O nível de desenvolvimento e qualidade de vida de uma sociedade pode ser avaliado em função da sua capacidade de produzir bens e oferecer serviços. De forma geral, bens e serviços são resultados de processos de fabricação. Brinquedos, pregos, trilhos de trem, bisturis, próteses, automóveis e aeronaves são alguns exemplos de produtos presentes no cotidiano das pessoas e que necessitam de tecnologia de manufatura para serem produzidos.

Os processos de fabricação são também conhecidos como processos de manufatura. A palavra manufatura é de origem latina, da combinação de *manus* (mão) e *factus* (fazer), que, de forma literal, significa feito à mão. Porém, a maioria dos processos de fabricação modernos é realizada por automação, cujo controle é computadorizado. Tecnologicamente, a *manufatura* consiste na aplicação de processos físicos e químicos para modificar a geometria, as propriedades e/ou a aparência de um material, a fim de produzir peças ou componentes.

A manufatura também inclui a tecnologia de montagem utilizada para formar um conjunto, que é um produto final único. Os processos de fabricação envolvem a combinação de materiais, homens e equipamentos (máquinas e ferramentas). Normalmente, a fabricação é quase sempre referenciada como uma sequência de operações, em que cada operação trabalha o material de tal forma que fique mais próximo da condição de produto final.

4.1.1 Histórico

Em termos históricos, a manufatura pode ser dividida em duas partes: (1) a descoberta e a invenção de materiais e processos de fabricação, e (2) o desenvolvimento dos sistemas de produção, que são os meios de organização de pessoas e equipamentos para produzir de forma mais eficiente.

Os processos de fabricação são anteriores aos sistemas de produção em muitos milênios. Na sequência, é apresentado um cronograma relacionado aos processos de fabricação, com períodos aproximados.

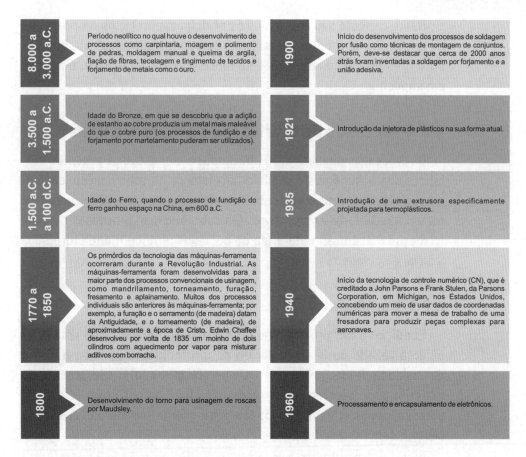

Em tempos atuais, nota-se, de forma considerável, o uso da tecnologia de controle numérico computadorizado (CNC) em máquinas que realizam muitos processos de usinagem, como torneamento, furação e fresamento. Porém a aplicação dessa tecnologia estende-se a máquinas (ou equipamentos) empregadas em outros processos como soldagem por fusão (a arco ou por resistência, por exemplo), cortes de chapas, dobramento de tubos e outros.

Entre os processos modernos de fabricação também estão inseridos os de microfabricação e de nanofabricação. Em relação à microfabricação (fabricação em escala micrométrica), é muito empregada na produção de microeletrônicos com base na utilização do silício, por exemplo. A nanofabricação compreende a produção de itens ainda menores, na ordem de 10^{-9} m, sendo o caso das nanoestruturas de carbono, por exemplo.

Neste capítulo são abordados os principais processos empregados na confecção de produtos metálicos, bem como são apresentados importantes processos utilizados na fabricação de cerâmicas, plásticos e compósitos.

4.2 Processos de fabricação de metais e ligas

Os processos de fabricação utilizados na confecção de produtos metálicos destacados neste capítulo baseiam-se na solidificação, conformação plástica, processamento de particulados, remoção e união de materiais. De forma respectiva, eles são: fundição, processos de conformação mecânica, metalurgia do pó, usinagem (ou manufatura subtrativa) e soldagem.

4.2.1 Fundição

Fundição é um processo no qual o material metálico no estado líquido é vazado ou injetado dentro de um molde, adquirindo a forma da cavidade desse molde por meio de solidificação. O escoamento do material pode ocorrer por força de gravidade ou por outra força (sob pressão, por exemplo). A peça (ou componente) obtida por esse processo é denominada **fundido**.

De forma simplificada, a fundição consiste em fundir o material metálico, vertê-lo no molde e deixá-lo solidificar por meio de retirada de calor. Entretanto, há fatores e variáveis que devem ser considerados para resultar em uma operação bem-sucedida, como a temperatura de vazamento, o tempo de solidificação, o tipo de molde utilizado, contração do metal, entre outros.

Esse processo inclui a fundição de lingotes (ou lingotamento) e a fundição de peças (ou componentes). Na indústria primária da área de metalurgia, emprega-se o termo **lingote**, que se trata de um fundido de grande porte e forma simples, que será posteriormente conformado plasticamente por processos como laminação ou forjamento. A fundição de peças (ou componentes) envolve a produção de geometrias mais complexas, que são muito mais próximas da forma desejada final da peça ou do componente.

Em termos de composição química, os lingotes apresentam teores de soluto menores do que as peças fundidas, pois precisam de maior ductilidade para que sejam conformados mecanicamente, enquanto as peças fundidas já possuem praticamente o formato final e devem apresentar boas propriedades mecânicas sem o uso de tratamento por trabalho mecânico. As ligas de ferro são ótimos exemplos desta condição, em que um lingote de aço 1020 (Fe com 0,2%C, em massa) pode ser conformado e os ferros fundidos possuem teores superiores a 2,11%C, em massa.

São exemplos de peças fabricadas por meio da fundição os blocos de motor e os discos de freio de ferro fundido, os conectores elétricos de liga de cobre, as palhetas de turbina de aviões de liga de níquel, as próteses de liga de titânio etc.

A fundição em areia, a fundição sob pressão e a fundição de precisão são alguns dos principais processos de fundição e estão destacados na Figura 4.1. Além destes, outros processos de fundição são comentados neste capítulo.

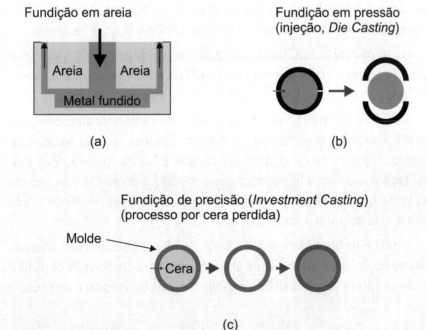

Figura 4.1 – Processos de fundição: (a) fundição em areia; (b) fundição sob pressão; (c) fundição de precisão.

A **fundição em areia** é o processo de fundição mais utilizado, no qual a areia de fixação úmida é comprimida em volta de um modelo na caixa de moldagem. Esse modelo posteriormente será retirado pela separação do molde em duas metades, gerando a cavidade no molde. Nesse processo, representado na Figura 4.1a, o metal fundido é vazado no molde, no qual ocorre a solidificação do metal e, depois, o molde em areia é quebrado para que a peça seja removida.

O molde em areia, que é descartável ou perecível, também contém o sistema de canais para alimentação e de massalotes. O massalote (ou montante) é uma reserva de metal que serve como uma fonte de metal líquido para o fundido compensar a contração durante a solidificação. Macho é a parte do molde que é fabricada separadamente; ele deverá ser utilizado quando a peça fundida precise ter superfícies internas (por exemplo, peças com furos ou ocas).

A versatilidade da fundição em areia permite fundir peças (ou componentes) – variando de pequenas a muito grandes – e cuja quantidade produzida pode ser de uma até altas taxas de produção. Esse processo pode ser empregado na maioria dos metais, principalmente em ligas ferrosas e ligas de alumínio, apresentando alguma dificuldade em ligas de titânio, zinco, estanho, chumbo, berílio e ligas refratárias.

De forma geral, em função dos tipos de moldes em areia utilizados, a fundição em areia pode ser classificada como fundição em areia verde ou fundição em areia seca *(ou em molde estufado)*.

Na fundição em areia verde, os moldes são confeccionados com uma mistura de areia, argila e água, e contêm umidade na ocasião do vazamento. Trata-se da fundição mais comum e barata, porém suas desvantagens incluem a baixa resistência mecânica do molde e a umidade da areia, que pode causar defeitos em alguns fundidos, dependendo do metal e da geometria da peça.

O molde da fundição *em areia seca* é confeccionado usando aglomerantes orgânicos e um forno de grande porte para curar o molde. A fundição em areia seca possibilita melhor controle dimensional do produto fundido, comparado com a fundição em areia verde. Entretanto, é um processo de fundição mais oneroso, e a produtividade é reduzida por causa do tempo gasto na secagem. As aplicações da fundição em areia seca são, em geral, limitadas a fundidos de tamanho médio a grande, em lotes pequenos ou médios.

A **fundição sob pressão** (ou ***die casting***), representada na Figura 4.1b, é um processo de fundição realizado em molde permanente, no qual o metal fundido é injetado na cavidade do molde sob alta pressão, superior a 100 bar. Os moldes nessa operação de fundição são feitos de aço ferramenta e são chamados de matrizes (*die*, em inglês); daí vem o nome do processo em inglês: *die casting*. O uso de pressão elevada para forçar o metal a entrar na cavidade do molde é o aspecto mais notável desse processo, que é realizado em máquinas especiais (injetoras), projetadas para fechar, de forma precisa, as duas metades do molde, mantendo-as fechadas enquanto o metal líquido é forçado na cavidade. Há dois tipos principais de máquinas de fundição sob pressão: câmara quente e câmara fria, que são diferenciadas pela forma com que o metal fundido é injetado na cavidade.

Na fundição sob pressão de **câmara quente**, o metal é fundido em um contêiner anexo à máquina, e um pistão é usado para injetar o metal líquido, sob alta pressão, na matriz. A fundição sob pressão em câmara quente impõe especial desgaste no sistema de injeção porque parte desse sistema é mantida imersa no metal fundido. Em função disso, sua aplicação limita-se a metais de baixo ponto de fusão como zinco e estanho, por exemplo, e que não ataquem quimicamente o pistão e outros componentes mecânicos.

No caso de metais de elevado ponto de fusão, utiliza-se a fundição sob pressão de **câmara fria**. Nesse caso, o metal é fundido em forno independente da máquina de injeção, cujo cilindro de injeção é preenchido por uma panela de fundição a cada ciclo.

> **SAIBA MAIS!**
>
> A **fundição com metal semissólido** compreende processos em que a liga metálica está no estado pastoso durante a fundição, como uma lama, sendo uma mistura de sólido e líquido. A **reofundição** é um processo variante da fundição sob pressão, com a injeção do material metálico no estado semissólido, especificamente uma lama semissólida com estrutura globular (esferoidizada), permitindo um ótimo preenchimento da cavidade do molde sem turbulência. No início da reofundição, o material *está em uma temperatura entre a solidus e a liquidus, em vez de acima da liquidus;* e a formação de estruturas como dendritas é evitada pela agitação da mistura pastosa.
>
> De forma geral, a fundição molda metal líquido por processo de solidificação em moldes e os processos de conformação mecânica transformam metal sólido por deformação plástica em matrizes. A reofundição associa fundição e conformação plástica, permitindo propriedades intermediárias entre a fundição e a conformação mecânica. A ausência de turbulência no processo minimiza o aprisionamento de gases durante o processo, o que, de forma geral, é benéfico em termos de propriedades do produto resultante, por meio da redução de porosidades. Outras vantagens incluem a produção de peças com geometrias complexas, peças com paredes finas e tolerâncias mais estreitas.
>
> Para mais informações sobre o tema, consulte a obra: GROOVER, M. P. **Fundamentos da moderna manufatura**. v. 1. 5. ed. Rio de Janeiro: LTC, 2017.

A **fundição de precisão**, também denominada de **fundição por cera perdida** ou **microfusão**, está representada na Figura 4.1c, consiste na utilização de um modelo de cera que é derretido e acaba escorrendo, deixando uma cavidade no molde cerâmico. O metal fundido é vazado no molde, que é posteriormente destruído para a remoção do produto. Esse processo permite a reprodução de detalhes precisos e pode ser empregado em todos os metais. É possível o uso de resina termoplástica em vez de cera e podem ser aplicados machos cerâmicos e solúveis em água.

A **fundição contínua (ou lingotamento contínuo)** consiste em fundir e conformar o produto final em uma única operação, sem tempos intermediários de esfriamento em moldes. A sequência desse processo compreende a fusão em forno adequado, a transferência do metal líquido (fundido) para o trem de conformação contínua, para que ocorra a passagem por uma coquilha de conformação, que define a seção transversal do perfil. Depois, ocorre o resfriamento e corte do material. O controle de propriedades físicas e geométricas de cada produto é uma das vantagens deste processo. Na Figura 4.2 é ilustrado o processo de fundição contínua horizontal, que pode ser aplicado na fabricação de barras de cobre, por exemplo.

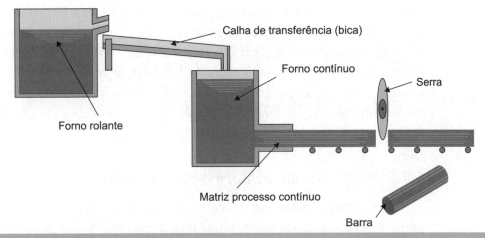

Figura 4.2 – Processo de fundição contínua.

A **fundição em casca (*shell molding*)** é um processo de fundição no qual o molde é uma casca fina confeccionado a partir da mistura de areia com resina aglomerante. Nessa mistura também são colocados aditivos para produzir o coquilhamento e prevenir problemas como trincas térmicas e defeitos oriundos de gases no molde. Esse processo permite a confecção de peças simples ou complexas, e traz vantagens como maior capacidade de produção do que a fundição em areia e estocagem dos moldes.

A **moldagem a vácuo** usa um molde em areia cuja ligação é mantida por aplicação de vácuo, em vez de aglomerante químico. Assim, o termo **vácuo** nesse processo refere-se à fabricação do molde e não propriamente à operação de fundição. Não confundir, portanto, com a **fundição em molde permanente sob vácuo**, processo no qual o vácuo é utilizado no direcionamento do metal fundido para a cavidade do molde.

A **fundição centrífuga** compreende diversos métodos de fundição nos quais o molde é girado a elevadas velocidades, de modo que a força centrífuga distribui o metal fundido às regiões periféricas da cavidade do molde. O molde pode ser descartável (areia verde ou areia seca) ou permanente (aço ou cobre). Uma particularidade desse processo é a heterogeneidade microestrutural que pode ser obtida, o que requer controle para que a peça apresente gradiente funcional de propriedades.

Defeitos comuns a todos os processos de fundição como falha de preenchimento, gotas frias, cavidade de contração, microporosidades, bolhas e trincas a quente podem ser evitados com o devido cuidado com o projeto do produto e as condições operacionais utilizadas. Em relação a considerações sobre o projeto de produtos fundidos, recomenda-se a simplicidade geométrica para melhorar a fundibilidade do material; evitar cantos vivos (concentradores de tensões); uniformidade da espessura das seções para evitar cavidades de contração; e as seções da peça dentro do molde devem ter ângulo de saída ou conicidade para facilitar a remoção da peça ou do modelo do molde.

4.2.2 Processos de conformação mecânica

A **conformação mecânica** de materiais metálicos baseia-se no emprego de processos nos quais a mudança de forma é obtida por meio de aplicação de tensões que geram deformação plástica no material e, em função disso, também são denominados de **processos de conformação plástica**. Esses processos podem ser divididos em duas categorias principais: processos de conformação volumétrica e processos de conformação de chapas.

Além da deformação plástica, que é resultado da aplicação de tensões sobre o material metálico por meio de ferramental (normalmente uma matriz), a temperatura de trabalho é outro fator muito importante na conformação plástica. De forma geral, os processos de conformação que envolvem maiores deformações, tratando-se de operações de desbaste, são realizados em condições de trabalho a quente, e as operações de acabamento são executadas em condições de trabalho a frio.

O **trabalho a quente** é aquele realizado acima da temperatura de recristalização do material, que é a temperatura acima da qual ocorre, de forma espontânea, a formação de novos grãos recozidos, a partir de grãos previamente encruados. Em relação ao material de trabalho, nestas condições o escoamento e a resistência são praticamente constantes, há aumento da ductilidade, diminuição das cargas necessárias para a conformação e praticamente elimina a anisotropia do material.

> **ATENÇÃO!**
>
> No caso de aços, alumínio e ligas, cobre e ligas, o trabalho a quente é realizado em altas temperaturas, porém, há materiais como o estanho e o zinco, por exemplo, que se recristalizam em temperatura ambiente, aproximadamente 25 °C, o que já caracteriza trabalho a quente conformá-los um pouco acima desta temperatura.

Os materiais em que o trabalho a quente é realizado em altas temperaturas podem apresentar como desvantagens a necessidade de fornos para o aquecimento e mais cuidados com segurança, dificuldade de controle dimensional e possível formação de carepas (superfície formada por óxidos) nos aços. Os óxidos também são formados em outros metais como o cobre, o que requer processo de fresamento para a sua remoção da superfície do material de trabalho, por exemplo.

O **trabalho a frio** é realizado em temperatura inferior à temperatura de recristalização, geralmente em temperatura ambiente ou pouco acima desta, e a maioria dos produtos é manufaturado a frio. A conformação de chapas metálicas e a trefilação são exemplos de aplicação desse tipo de trabalho, em que o material encrua aumentando à sua resistência mecânica, o acabamento é superior ao obtido no trabalho a quente, permite produção em série e, de forma geral, o custo é menor do que o trabalho a quente, pois não requer a utilização de fornos para obter a temperatura de trabalho, por exemplo. Em contrapartida, é necessário mais cuidado com a limpeza e o acabamento superficial do material antes do trabalho a frio para evitar a formação de trincas e fissuras.

Para melhorar as propriedades do material no escoamento, as operações de conformação são, algumas vezes, realizadas em temperaturas acima da temperatura ambiente, mas abaixo da temperatura de recristalização, recebendo a denominação de **trabalho a morno**. A faixa que distingue o trabalho a frio e o trabalho a morno é, com frequência, expressa em termos do ponto de fusão do metal, e o trabalho a frio é usualmente adotado como aquele realizado em temperatura inferior ou igual a 30% do ponto de fusão do metal em questão.

Materiais metálicos que apresentam boa dureza a quente, como ligas de titânio e ligas de níquel para altas temperaturas, por exemplo, são difíceis de conformar por meio de métodos convencionais. A **conformação isotérmica** é aplicada no trabalho a quente desses materiais e consiste no preaquecimento das ferramentas para que adquiram temperatura próxima ou igual a dos metais a serem conformados, com o intuito de evitar o resfriamento superficial abrupto durante o contato entre eles e o surgimento de diferenças consideráveis de resistência entre superfície e núcleo do material de trabalho.

Na Figura 4.3 estão representados os principais processos de conformação de volumes (ou maciça), que são caracterizados por grandes alterações de forma e significante deformação plástica.

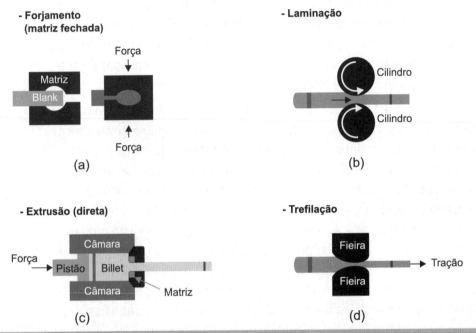

Figura 4.3 – Processos de conformação volumétrica: (a) forjamento; (b) laminação; (c) extrusão; (d) trefilação.

» **Forjamento:** representado na Figura 4.3a, fundamenta-se na compressão do material entre duas matrizes opostas, de modo que a geometria das matrizes é fornecida ao material conformado. O forjamento é tradicionalmente um processo de conformação a quente, porém várias operações de forjamento são realizadas a frio.

O forjamento propicia a fabricação de produtos de alta resistência mecânica em função do fibramento gerado durante a conformação do material metálico. Esse processo é aplicado em componentes como virabrequins de motores, bielas, engrenagens, componentes estruturais de aeronaves e peças de bocais de motores de turbinas. Além disso, a indústria metalúrgica utiliza o forjamento para obter a forma elementar de grandes componentes que serão usinados posteriormente para as formas e dimensões finais.

Na Figura 4.3a é mostrado o forjamento em matriz fechada, no qual o material é conformado entre duas metades de matriz sob alta pressão. A matriz possui impressões com o formato que se deseja passar à peça, permitindo formatos mais complexos. Outra possibilidade é o forjamento em matriz aberta ou livre, em que o material é conformado entre matrizes planas ou com formato simples, sem contato entre elas.

Os equipamentos comumente utilizados no forjamento incluem dois grupos: **martelos de forja**, que conformam o material metálico por meio de rápidos golpes de impacto em sua superfície; e **prensas**, que conformam o material metálico por meio de uma compressão contínua com velocidade relativamente baixa.

Outras variações do processo de forjamento compreendem o **forjamento por laminação**, em que ocorre a redução da espessura de uma peça de formato cilíndrico ou retangular por meio da passagem do metal entre cilindros rotativos contrapostos; o **forjamento de precisão**, que utiliza matrizes de precisão, gerando a forma quase final da peça ou componente (sem a formação de rebarba); e o **forjamento rotativo ou radial**, que é empregado para reduzir o diâmetro de um tubo ou barra sólida.

▸ **Laminação:** a **laminação convencional**, representada na Figura 4.3b, é um processo de conformação por compressão direta, no qual a espessura do material é reduzida pela ação de dois cilindros que giram em sentidos opostos. Os cilindros (ou rolos) giram de modo a conformar e comprimir o material metálico na região de abertura entre eles. O comprimento do material é aumentado sem que ocorra incremento acentuado da largura.

A ação dos cilindros laminadores sobre o metal gera elevadas tensões compressivas e as forças de atrito necessárias para puxá-lo durante a realização da conformação. Geralmente, nas operações de desbaste utiliza-se o trabalho a quente e, no acabamento, o trabalho a frio.

Tecnologia de Manufatura – Processos de Fabricação

A laminação é um processo de conformação plástica que permite alta produtividade e um controle dimensional preciso do produto acabado, porém, geralmente requer grande investimento de capital, pois seus equipamentos contêm componentes robustos, com combinações de rolos chamadas de laminadores, que realizam o processo. Ela pode ser empregada na produção de chapas e perfis a partir de barras, lingotes, placas e outros materiais de partida, feitos de metais dúcteis como ligas de alumínio, ligas de cobre e aços-carbono, por exemplo.

As configurações dos laminadores permitem que sejam classificados em **laminadores duo** (Figura 4.3b), que consiste em apenas dois cilindros opostos; **laminadores trio** (três cilindros); **quádruo** (quatro cilindros); e com configurações com maiores quantidades de cilindros. Determinadas configurações podem ser reversíveis ou não e, normalmente, o número maior de cilindros está associado com maior precisão do processo. Por exemplo, no laminador quádruo, os cilindros que têm contato com o metal de trabalho são os cilindros de trabalho e os outros dois são os cilindros de apoio, como mostrado na Figura 4.4.

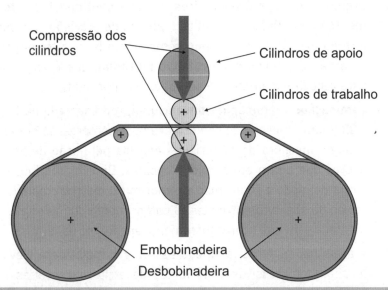

Figura 4.4 – Laminador quádruo.

Algumas variações desse processo são a laminação de roscas, de anéis e de engrenagens. No processo de laminação, é possível conformar tubos com costura por soldagem por fusão e sem costura utilizando-se um mandril.

▸ **Extrusão:** representada na Figura 4.3c, trata-se de um processo de compressão no qual o material é forçado a escoar pela abertura de uma matriz, modificando a sua seção transversal a partir da geometria da matriz.

Os dois principais tipos desse processo de conformação plástica são extrusão direta e extrusão indireta. A extrusão direta ou extrusão avante, ilustrada na Figura 4.3c, apresenta deslocamento do material e do êmbolo (ou pistão) no mesmo sentido, o que necessita de aumento de aplicação de força para realizar o processo devido ao atrito entre o material e a superfície das paredes da câmara (ou contêiner). A extrusão indireta (inversa ou reversa) possui pistão vazado, o que possibilita o deslocamento no sentido oposto do material em relação ao pistão, como mostrado na Figura 4.5. Isso reduz o atrito entre material e câmara, no entanto a rigidez do pistão é menor, uma vez que é vazado.

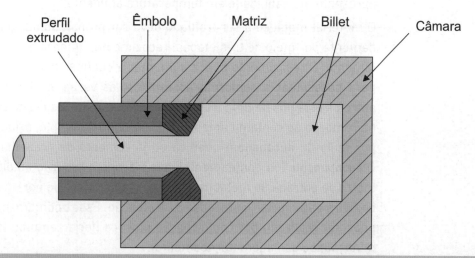

Figura 4.5 – Processos de extrusão indireta.

Em termos práticos, a extrusão direta é a variante mais empregada na indústria metalúrgica, e normalmente em conformação a quente. Outras possibilidades de extrusão são a extrusão hidrostática, que consiste em conformar uma peça com o auxílio de pressão hidrostática proveniente da compressão de um fluido no estado líquido; e extrusão por impacto, que se trata de extrusão a frio em alta velocidade.

Alguns defeitos que podem ocorrer na extrusão são a zona morta nos cantos superiores e inferiores da matriz, o afunilamento central do material, trinca central e trinca de superfície. Condições adequadas de lubrificação, velocidade e temperatura de extrusão minimizam o surgimento de problemas no processo, permitindo a plasticidade satisfatória do metal.

» **Trefilação:** representada na Figura 4.3 (d), consiste no processo em que, de forma frequente, o diâmetro de um arame ou barra redonda é reduzido ao ser tracionado pela abertura de uma matriz (ou fieira).

Nesse processo, fica evidente a presença de tensões trativas, mas a compressão também é importante, uma vez que há compressão indireta do metal, conforme passa pela abertura da matriz. Trata-se de um processo tipicamente realizado em trabalho a frio, que, portanto, pode ser realizado em qualquer metal que apresente maleabilidade em temperatura ambiente.

O material metálico a ser trefilado deve ser preparado adequadamente por meio de três etapas: recozimento, limpeza e apontamento. O recozimento busca aumentar a ductilidade do metal para possibilitar a conformação a frio e, às vezes, é utilizado entre os estágios de uma trefilação contínua. A limpeza consiste na remoção de contaminantes superficiais (por exemplo, óxidos) por meio de decapagem química ou jateamento de granalhas. O **apontamento** (ou ponteamento) compreende a redução do diâmetro de entrada do metal para que possa ser inserido por meio da fieira para iniciar o processo de trefilação. Esse apontamento pode ser realizado por conformação plástica (forjamento ou laminação) ou usinagem (torneamento).

Tubos também podem ter seu diâmetro reduzido por meio da trefilação. Para que ocorra controle do diâmetro interno e da espessura da parede, torna-se necessário o uso de mandril fixo ou de espiga flutuante (Figura 4.6).

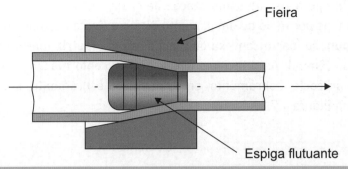

Figura 4.6 – Processo de trefilação com espiga flutuante.

As características gerais da trefilação são similares às da extrusão. A diferença é que, na trefilação, o metal é puxado através da matriz e na extrusão ele é empurrado através dela.

O atrito faz parte dos processos de conformação mecânica, porém, para evitar que atinja condições indesejáveis durante o contato direto entre o ferramental e a superfície do material metálico, torna-se necessário o uso de lubrificantes. Em condições de trabalho a frio, os lubrificantes usados incluem óleos minerais, graxas e óleos graxos, óleos emulsionáveis em água, sabões e outros revestimentos. No trabalho a quente, os lubrificantes podem ser compostos de óleos minerais, grafite e vidro. O vidro fundido é empregado na lubrificação da extrusão a quente de aços. No forjamento a quente de diversos materiais metálicos, utiliza-se frequentemente a grafite contida em água ou em óleo mineral como um lubrificante. A extrusão do alumínio e a laminação do aço, ambas em trabalho a quente, são feitas a seco.

Na conformação mecânica também se trabalha com metal semissólido, tratando-se da **tixoconformação**, em que pastas reofundidas com estruturas globulares são conformadas plasticamente, tratando-se de tixoforjamento e tixoextrusão, por exemplo. Esses processos necessitam de esforços menores para a conformação e permitem a obtenção de propriedades intermediárias entre a fundição e a conformação plástica.

» **Conformação de chapas:** os processos de conformação de chapas são operações de corte ou de modificação de forma, geralmente realizadas a frio, em chapas planas de materiais metálicos.

As operações de conformação de chapas são, em geral, executadas por meio de um conjunto de ferramentas composto de um **punção** (parte convexa ou macho) e uma **matriz** (parte côncava ou fêmea). As principais operações de conformação de chapas são corte, dobramento, embutimento e estiramento, ilustradas na Figura 4.7.

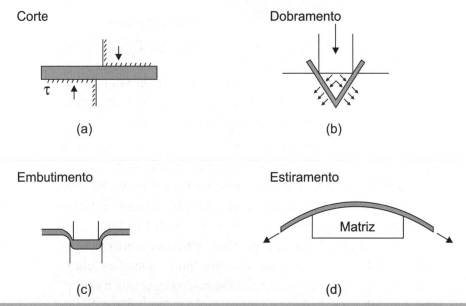

Figura 4.7 – Conformação de chapas: (a) corte; (b) dobramento; (c) embutimento; (d) estiramento.

O **corte de chapas** envolve cisalhamento em vez de conformação, conforme mostrado na Figura 4.7a. O cisalhamento é gerado pela ação de força exercida por um punção ou uma lâmina de corte. Esse processo é destinado à obtenção de formas geométricas planas e não apresenta deformação plástica continuamente, mas é uma operação comum e necessária à conformação de chapas. Em função disso, os processos de conformação de chapas também são chamados de processos de corte e conformação de chapas, que é uma forma mais abrangente.

O **dobramento** envolve a deformação de uma chapa metálica para formar um perfil angular ou com contornos ao longo de um eixo linear. A chapa é submetida a esforços aplicados em duas direções opostas, que provocam a flexão e a deformação plástica. A superfície é alterada para duas superfícies concorrentes, conforme ilustrado na Figura 4.7b.

O **embutimento** ou **estampagem profunda** é um processo utilizado para conformar uma chapa metálica plana em uma forma côncava (fêmea) fornecida pela matriz (Figura 4.7c). O punção (macho) impõe a força necessária para o processo de conformação plástica. A utilização de operação de calibragem possibilita a obtenção de tolerâncias dimensionais mais estreitas. Adota-se, de forma arbitrária, que a distinção entre estampagem profunda e rasa é em função da relação entre profundidade e diâmetro do copo produzido. Na estampagem profunda, o copo é mais profundo que a metade do seu diâmetro, e na estampagem rasa esta profundidade é menor.

O **estiramento** consiste em fixar e esticar uma chapa metálica sobre uma matriz simples, conforme mostrado na Figura 4.7d. Ao contrário dos processos de corte, dobramento e embutimento de chapas, o estiramento não é realizado em prensa.

Outro processo de conformação de chapa não realizado em prensas é o **repuxamento**, que usa roletes ou ferramentas que geram pressão para conformar a chapa metálica com um mandril durante a rotação da peça. Este processo também pode ser empregado para reduzir seções tubulares.

Processos especiais de conformação de chapas envolvem a **conformação por elastômero**, que aplica a flexibilidade e a baixa compressibilidade do elastômero como ferramental elástico no contato com a chapa a ser conformada, evitando danos superficiais na peça, porém, limita-se a formas rasas; e a **conformação por explosivos**, que é um processo não convencional utilizado para conformar peças com contornos complexos e de grandes dimensões em uma cavidade de uma matriz pela aplicação de carga explosiva. A conformação por explosivos permite taxas de energia mais elevadas que os processos de conformação de chapas citados anteriormente. Esses dois processos especiais são mais utilizados na indústria aeronáutica.

O **dobramento** ou **curvamento de tubos** compreende métodos empregados para curvar tubos sem que ocorra o colapso prévio do material. Alguns desses métodos utilizam mandris flexíveis especiais, que são inseridos no tubo antes do curvamento para apoiar as paredes durante a operação.

A **calandragem** está associada à conformação de chapas em seções curvas pela ação de rolos, e pode ser empregada para curvar tubos e outras seções transversais. Além de metais, é um processo utilizado para produzir chapas e filmes de borracha ou de termoplásticos borrachosos, como o PVC plastificado.

4.2.3 Metalurgia do pó

A **metalurgia do pó** (MP) é uma tecnologia de manufatura na qual as peças são produzidas a partir de pós metálicos. De forma sequencial, a fabricação baseia-se na compactação dos pós em matrizes por meio de prensas para obter o compactado verde com a forma desejada e, depois, na sinterização, que consiste no aquecimento do compactado verde para provocar o aumento da ligação entre as partículas (densificação), gerando uma massa rígida e dura, conforme mostrado na Figura 4.8.

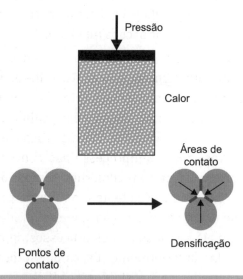

Figura 4.8 – Processo de metalurgia do pó.

As aplicações da metalurgia do pó incluem ferramentas de usinagem de metal duro, rolamentos, filtros porosos, engrenagens e outras. As peças produzidas por esse método diminuem ou eliminam a necessidade de operações subsequentes de acabamento. Uma vantagem considerável é o baixo desperdício de material.

Os pós metálicos podem ser obtidos por atomização do metal líquido a gás ou à água, redução do tamanho de partículas por moagem, eletrólise ou redução química.

Além de pós de metais como ligas de cobre e ligas refratárias, as cerâmicas também são utilizadas nesse processo. A metalurgia do pó pode processar materiais não conformáveis por outros métodos, uma vez que sejam transformados em pós (por exemplo, determinadas combinações de ligas metálicas e cermets). Os cermets são compostos de cerâmicas e metais, tratando-se de compósitos de matriz metálica (CMM).

Como limitações do processo, podem ser citados os custos com equipamentos, ferramental e os pós de engenharia, que são elevados; o cuidado necessário com o manuseio dos pós; e a geometria da peça (por exemplo, não é possível fabricar roscas por MP).

Após a sinterização, algumas operações secundárias são realizadas para finalizar a conformação, aumentar a densidade ou aprimorar a precisão dimensional da peça ou componente. Essas operações podem ser reprensagem, calibragem, usinagem, tratamentos térmicos e termoquímicos, tratamentos superficiais e infiltração (penetração de metal fundido nos poros da peça sinterizada).

Algumas variações do processo são compactação em matriz fria, que é realizada em temperatura ambiente, gerando peças de alta porosidade e baixa resistência mecânica; compactação isostática (fria ou quente), em que um fluido pressurizado é utilizado na compactação dos pós, propiciando maior uniformidade no processo; compactação sem pressão, para peças porosas; e sinterização por centelhamento, possibilitando propriedades elétricas e magnéticas ao produto.

EXEMPLO

Na Figura 4.9 está esquematizada uma possível rota de fabricação de ferramentas de metal duro, que são insertos (pastilhas) obtidos por metalurgia do pó.

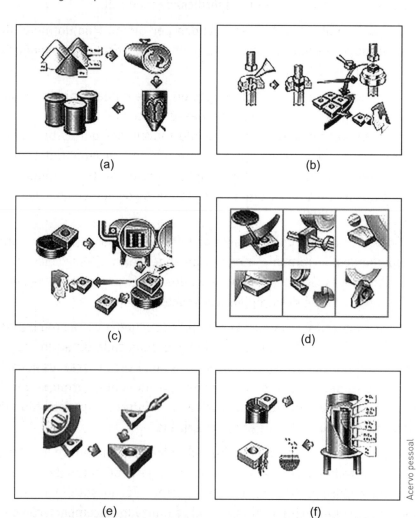

Figura 4.9 – Rota de fabricação de insertos de metal duro: (a) fabricação dos pós; (b) prensagem; (c) sinterização; (d) operações secundárias; (e) usinagem para acabamento; (f) tratamento de superfície para revestimento do inserto.

4.2.4 Usinagem (manufatura subtrativa)

Os **processos de usinagem** são embasados na mudança de forma por meio de remoção de materiais e, por isso, podem ser classificados como **manufatura subtrativa**. Na usinagem, a ação predominante envolve deformação por cisalhamento do material para formar um cavaco, que é removido, gerando uma nova superfície.

A usinagem é um dos mais importantes processos de fabricação em função da variedade de materiais de trabalho, de formas geométricas (de simples a complexas), precisão dimensional e bons acabamentos superficiais. De forma frequente, é usada como processo complementar para outros processos como fundição, metalurgia do pó ou conformação mecânica. Em contrapartida, o desperdício de material e o consumo de tempo são limitações que devem ser consideradas. Por exemplo, uma operação de usinagem leva mais tempo e desperdiça mais material do que a fundição ou o forjamento.

Esses processos podem ser divididos em **processos de usinagem convencionais**, em que uma ferramenta de corte afiada (mono ou multicortante) é utilizada para cortar mecanicamente o material a fim de atingir a geometria desejada (por exemplo, torneamento, furação e fresamento); **processos abrasivos**, que removem mecanicamente o material pela ação de partículas duras e abrasivas (por exemplo, retificação); e **processos de usinagem não convencionais**, que são processos avançados que removem material por meio de formas de energia diferentes e sem o uso de ferramentas de corte convencionais (eletroerosão, por exemplo).

Com exceção dos processos de usinagem não convencionais, a usinagem consiste na utilização de ferramentas feitas de material mais duro do que o material a ser usinado. Entretanto, a tecnologia da usinagem é mais abrangente, conforme mostrado na Figura 4.10, englobando a utilização de informações sobre peça e ferramentas utilizadas no processo, materiais envolvidos, fixação e manuseio da peça, tipo de processo, uso ou não de fluido de corte e outras, de tal forma que as condições de obtenção da forma desejada da peça sejam otimizadas.

De forma geral, todos os metais podem ser usinados, principalmente os de fácil usinagem; materiais como plásticos, elastômeros e cerâmicas também podem ser usinados, dependendo do processo empregado. Por exemplo, a retificação, que é um processo abrasivo, é inadequada para materiais macios ou flexíveis.

No caso da usinagem, o desbaste compreende operação de maior remoção de material do que a operação de acabamento, que visa finalizar a peça e alcançar as dimensões finais, tolerâncias e acabamento superficial.

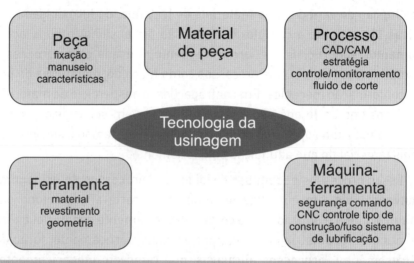

Figura 4.10 – Tecnologia da usinagem.

Os parâmetros de corte são necessários para que uma operação de usinagem seja realizada com êxito, sendo eles: velocidade de corte, avanço e profundidade de usinagem (Figura 4.11a). A velocidade de corte (v_c, em m.min^{-1}) trata-se do principal movimento relativo entre a ferramenta e a peça, sendo a velocidade instantânea resultante da rotação da peça ou ferramenta; o avanço (f, em mm.rev^{-1}) compreende um movimento mais lento, com base no movimento da ferramenta de um lado a outro da peça; e a profundidade de usinagem (a_p, em mm) consiste na penetração da ferramenta de corte abaixo da superfície original do material de trabalho. A forma da ferramenta e sua penetração na superfície de trabalho, combinadas com os movimentos entre ferramenta e peça, produz a geometria desejada da superfície resultante.

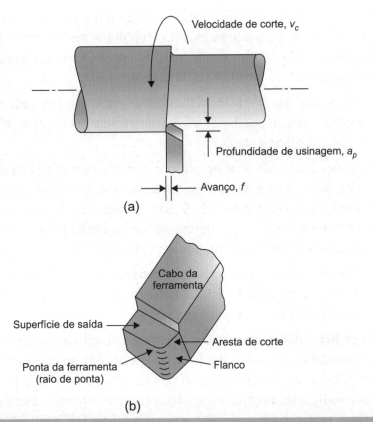

Figura 4.11 – Usinagem de materiais: (a) parâmetros de corte no torneamento; (b) regiões importantes em uma ferramenta monolítica.

As ferramentas de geometria definida podem ser monocortantes ou multicortantes. Uma **ferramenta monocortante** apresenta apenas uma aresta de corte (ou gume) e é utilizada para separar o cavaco do material da peça em operações como o torneamento, por exemplo. Nesse tipo de ferramenta, há uma única superfície de saída, sobre a qual o cavaco é formado e escoa durante a sua saída da região de trabalho de usinagem. As **ferramentas multicortantes** têm mais de uma aresta de corte e geralmente realizam seu movimento relativo à peça por meio de rotação, como na furação e no fresamento, por exemplo. A ferramenta de corte pode ser monolítica (inteiriça), compreendendo conjunto único de cabo e região de contato entre ferramenta e material de trabalho, ou no caso do uso de insertos, estes podem ser fixados mecanicamente ou por brasagem em um suporte. Na Figura 4.11b são mostradas regiões importantes de uma ferramenta monolítica, com destaque para a aresta de corte, que é o principal gume da ferramenta.

A formação do cavaco é um processo cíclico, que é dividido em quatro etapas: recalque, deformação plástica, ruptura e movimento sobre a superfície de saída da ferramenta. Cada volume de material que passar por um ciclo formará uma lamela de cavaco.

Os materiais das ferramentas utilizadas na usinagem podem ser aços rápidos, estelita, carbetos duros sinterizados, cerâmicas, nitreto de boro cúbico e diamante policristalino.

Os aços rápidos são aços ao carbono com elementos de liga, como W, Cr, Va, Mo e Co, tratáveis termicamente, tenazes e que mantêm a dureza até temperaturas de 650 °C. São aplicados em brocas, alargadores, escareadores e fresas, apresentando facilidade para a afiação e custo inferior aos metais duros, por exemplo.

Estelita é uma liga fundida à base de cobalto (38% a 53%, em massa), com elementos como W, Cr e C, cuja dureza atinge 64 HRC e permite trabalho em temperaturas superiores às dos aços rápidos.

Os carbetos duros sinterizados são metais duros, cermets e metais duros revestidos. Os metais duros são materiais de alta dureza obtidos por metalurgia do pó a partir do carbeto de tungstênio (WC) com o cobalto como ligante; os cermets, em tecnologia de ferramentas de corte reservam-se a combinações de carbeto de titânio (TiC), nitreto de titânio (TiN) e carbonitreto de titânio (TiCN), com níquel e/ou molibdênio como ligantes; e o metal duro revestido é aquele com resistência ao desgaste superior na superfície em função de ser revestido com uma ou mais finas camadas de material como carbeto de titânio, nitreto de titânio e/ou óxido de alumínio (Al_2O_3). O revestimento é aplicado ao substrato por deposição química de vapor (CVD) ou deposição física de vapor (PVD). De forma geral, os metais duros apresentam uma boa combinação entre propriedades como dureza a quente e resistência ao desgaste com resistência mecânica e tenacidade.

As ferramentas de corte em cerâmicas são compostas principalmente de grãos finos de óxido de alumínio (Al_2O_3), que podem ser prensados e sinterizados a altas pressões e temperaturas, sendo indicadas para o torneamento em altas velocidades para ligas ferrosas. Ferramentas de nitreto de silício (Si_3N_4) combinam resistência à abrasão e ao choque mecânico, sendo recomendadas para a usinagem de ferro fundido cinzento.

O nitreto de boro cúbico (CBN, de *cubic boron nitride*) apresenta dureza próxima à do diamante, com elevada resistência à abrasão e ao choque mecânico e manutenção da capacidade de corte em condições severas. O CBN não reage com outros materiais e não oxida a temperaturas inferiores a 1.000 °C, sendo indicado para a usinagem de ferro fundido coquilhado e aços endurecidos.

O diamante policristalino (PCD, de *polycrystalline diamond*) é obtido pela sinterização de cristais de grãos finos de diamante submetidos a temperaturas e pressões elevadas, na geometria desejada, com pouco ou nenhum ligante. Trata-se do material mais duro conhecido. Em função de uma orientação aleatória dos cristais, o PCD oferece uma tenacidade considerável em comparação com monocristais de diamantes. Os insertos para ferramentas são feitos tipicamente pela deposição de uma camada de PCD com aproximadamente 0,5 mm de espessura sobre a superfície de um metal duro de uma base. As aplicações de ferramentas de corte de diamante incluem usinagem em alta velocidade de metais não ferrosos, como ligas de alumínio, cobre e suas ligas, ligas de zinco e ligas de magnésio; e abrasivos não metálicos, como fibra de vidro, grafite e madeira. A usinagem do aço, de outros metais ferrosos, e de ligas à base de níquel com ferramentas PCD é impraticável devido à afinidade química que existe entre esses metais e o carbono do diamante.

Um **fluido de corte** pode ser aplicado na operação de usinagem para refrigerar e lubrificar a ferramenta de corte. Geralmente, as condições de usinagem incluem a decisão de usar ou não um fluido de corte e a escolha do fluido adequado. Usinagem a seco é o nome dado à usinagem sem fluido de corte. Considerando-se o material a ser usinado e a ferramenta, a escolha dessas condições influencia muito na determinação do sucesso de uma operação de usinagem.

O termo **máquina-ferramenta** é aplicável a qualquer máquina motorizada que realize uma operação de usinagem, incluindo a retificação. Este termo também é aplicado às máquinas que realizam operações de conformação plástica. No caso da usinagem, a máquina-ferramenta é utilizada para fixar o material da peça, posicionar a ferramenta em relação à peça e fornecer potência ao processo de usinagem com a devida configuração dos parâmetros de corte, permitindo que as peças sejam fabricadas com grande precisão e reprodutibilidade.

4.2.4.1 Processos convencionais de usinagem

O **torneamento** utiliza uma ferramenta monocortante para remover o material da peça rotativa a fim de gerar uma forma cilíndrica, podendo ser qualquer componente com elementos de revolução. O material pode ser alimentado na máquina (torno) de forma manual ou automática. O movimento que produz a velocidade de corte no torneamento é proporcionado pela rotação da peça, e o movimento de avanço é obtido pela ferramenta de corte se movendo lentamente em uma direção paralela ao eixo de rotação da peça. Esse processo está ilustrado na Figura 4.11a.

Dentro da variedade de operações de torneamento estão o torneamento cilíndrico interno ou externo, o torneamento cônico, o rosqueamento e o faceamento para obter uma superfície plana e o sangramento para obter entalhe circular.

Há a possibilidade de tornos automáticos e semiautomatizados, os quais seguem operações ativadas por mecanismos das máquinas. O torneamento apresenta potencial muito grande de interação com sistemas de desenho ou projeto assistido por computador (CAD).

O **mandrilamento** tipicamente usa uma ferramenta monocortante contra uma peça fixa em uma mandriladora para usinar o diâmetro interno de um furo preexistente, sendo um processo de usinagem similar ao torneamento interno. A cinemática do processo é diferente no mandrilamento, no qual a ferramenta orbita na peça não rotativa.

A **furação** é um processo usado para produzir um furo cilíndrico. É realizada por uma ferramenta rotativa multicortante denominada broca, que é introduzida na peça em uma direção paralela ao seu eixo de rotação. A furadeira é a máquina-ferramenta empregada nesse processo de usinagem e o tipo mais comum é a furadeira de coluna. As principais operações são furação em cheio, alargamento para aumento de furo já existente, furação escalonada com variação de diâmetro da broca e atarraxamento, com o uso de macho para rosqueamento interno em um furo.

O **fresamento** é um processo que usa ferramenta rotativa multicortante (fresa) que avança lentamente através do material para gerar um plano ou superfície reta. A direção do movimento de avanço é perpendicular ao eixo de rotação da ferramenta. O movimento que produz a velocidade de corte é proporcionado pela fresa rotativa. Apresenta ampla faixa de possibilidades de geometria e materiais de ferramenta de corte.

As fresadoras são as máquinas operatrizes usadas nesse processo, que pode ser horizontal ou vertical. No **fresamento horizontal**, o eixo é paralelo em relação à peça (fresamento tangencial na Figura 4.12a, por exemplo), enquanto no **fresamento vertical**, o eixo de rotação da ferramenta é perpendicular à superfície da peça (fresamento frontal na Figura 4.12b, por exemplo).

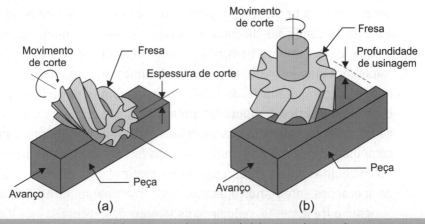

Figura 4.12 – Fresamento: (a) tangencial (horizontal); (b) frontal (vertical).

A usinagem no fresamento pode ser concordante ou discordante. No **fresamento concordante**, a direção da passagem do dente da fresa pela peça coincide com a direção do avanço quando o dente corta a peça, ocorrendo a espessura máxima do cavaco no início do corte. No **fresamento discordante**, a direção do movimento dos dentes da fresa é oposta à direção de avanço da peça em relação à ferramenta, atingindo a espessura máxima do cavaco no fim do corte.

Outros processos convencionais de usinagem incluem aplainamento, serramento e brochamento. O aplainamento é um processo que usa uma ferramenta monocortante que remove material linearmente em um movimento alternado (de vai e vem), produzindo formas como entalhes e rasgos ao longo do comprimento da peça. O serramento consiste no uso de uma serra com uma série de dentes curtamente espaçados para fazer uma fina fenda no material de trabalho. O brochamento usa uma ferramenta multicortante (brocha), normalmente de grande comprimento, que é empurrada ou puxada pela superfície da peça para que ocorra a remoção de cavacos; os cortes são sucessivamente mais profundos, gerando em uma única passada o perfil desejado na peça. Além disso, a retificação e as operações abrasivas similares são incluídas frequentemente na categoria de usinagem. Esses processos quase sempre vêm em seguida às operações convencionais de usinagem e são utilizados para alcançar um acabamento superficial superior na peça.

As máquinas-ferramenta convencionais geralmente são comandadas por um operador humano, que faz a fixação da peça a ser usinada, retira as peças após o processo, troca as ferramentas de corte e ajusta as condições de corte, realizando o *setup* da máquina. Muitas máquinas-ferramenta possibilitam que suas operações sejam realizadas com uma forma de automação chamada de comando ou controle numérico computadorizado (CNC). Nas **máquinas de usinagem com controle numérico computadorizado (CNC)**, o movimento e o controle da ferramenta, cabeçote e avanços são realizados por um programa de computador, por meio de motores de passo. Os **centros de usinagem** são máquinas automáticas capazes de realizar uma grande variedade de operações, integrando operações de torneamento, furação, mandrilamento e fresamento, reduzindo os tempos de execução.

4.2.4.2 Processos abrasivos

Retificação é um processo de remoção de material realizado por ferramenta abrasiva de revolução (rebolo). O rebolo geralmente tem a forma de disco, sendo balanceado precisamente para altas velocidades de rotação empregadas no processo.

Os tipos de rebolos se diferenciam por formato, tipo de grão e dureza. Materiais aglomerantes como metal, vidro, resina ou borracha mantêm unidos os grãos abrasivos que formam o rebolo e estabelecem a forma e a integridade estrutural dessa ferramenta abrasiva. Os materiais abrasivos comumente empregados são o carbeto de silício (SiC) e a alumina (Al_2O_3); materiais como o nitreto de boro cúbico (CBN) e o diamante também são utilizados. Em relação ao carbeto de silício, não é recomendado para a retificação de aços, em função da afinidade química entre o carbono no SiC e o ferro nos aços.

A retificação é um processo importante, podendo ser usada em todos os tipos de metais, dúcteis e endurecidos, principalmente nas operações de acabamento, propiciando ótimo acabamento superficial com rugosidade média Ra de até 0,025 μm.

A retificadora é a máquina utilizada na retificação. Alguns tipos de retificação são: retificação cilíndrica, em que a superfície usinada é uma superfície cilíndrica interna ou externa; retificação plana, em que a superfície usinada é plana; a retificação sem centros (*centerless*), que é uma retificação cilíndrica na qual a peça sem fixação axial é retificada por rebolos, com ou sem movimento longitudinal da peça; e a retificação *creep-feep*, que é realizada em único passe com uma grande profundidade de usinagem.

A **dressagem** é um procedimento importante para recuperar rebolos com a capacidade de autoafiação prejudicada, sendo realizado por um disco rotativo ou outro rebolo de retificação que opera em alta velocidade contra o rebolo a ser dressado à medida que ele gira. O procedimento objetiva romper os grãos sobre a periferia externa do rebolo para expor grãos novos afiados e remover cavacos que obstruem o rebolo. O **perfilamento** é um procedimento alternativo que afia o rebolo e recupera sua forma cilíndrica.

Brunimento é um processo abrasivo realizado por um conjunto de segmentos abrasivos ligados e montados em um mandril de expansão, que gira com baixa velocidade e com deslocamento de forma alternada ao longo da superfície da peça. Uma aplicação comum desse processo está no acabamento dos furos de camisas de motores de combustão interna. Outras aplicações incluem rolamentos, cilindros hidráulicos e tambores de armas. Além do ótimo acabamento superficial, esse processo produz uma superfície brunida, cruzada, característica que tende a reter a lubrificação durante a operação do componente, contribuindo assim para seu funcionamento e vida útil em serviço.

Lapidação é um processo usado para produzir acabamentos superficiais de extrema precisão por meio da remoção de pequenas quantidades de material pelo movimento relativo de um fluido com partículas abrasivas muito finas, que fica entre a peça e a ferramenta (disco de lapidar). Os exemplos de aplicação incluem a produção de lentes ópticas, superfícies metálicas de rolamentos, calibres e outras. Também é utilizada em peças metálicas sujeitas à fadiga ou superfícies que precisam ser utilizadas para estabelecer uma vedação com uma peça de acoplamento.

4.2.4.3 Processos não convencionais de usinagem

Os processos não convencionais de usinagem são processos avançados classificados frequentemente de acordo com a forma principal de energia utilizada para efetuar a remoção do material, que pode ser mecânica, elétrica, térmica e química. Também são chamados de processos não tradicionais de usinagem.

As necessidades que resultam na importância comercial e tecnológica dos processos não convencionais incluem a necessidade de usinar novos materiais metálicos e não metálicos; a necessidade de produzir peças com geometrias incomuns que não podem ser obtidas facilmente por usinagem convencional; e a necessidade de evitar as tensões residuais criadas pela usinagem convencional. Boa parte dessas necessidades está associada com o setor aeroespacial. Há dezenas de processos de usinagem não convencionais e alguns desses processos são definidos a seguir.

A **usinagem por eletroerosão** (EDM – *electric discharge machining*) é um dos processos não tradicionais de usinagem mais utilizados, que emprega descargas elétricas para gerar energia térmica, com temperaturas localizadas elevadas. A cavidade da peça acabada é produzida por um eletrodo (geralmente de grafite) com a forma desejada a ser produzida. A cavidade é produzida pela fusão ou pela vaporização localizada do metal causada por descargas elétricas geradas por uma fonte de energia. As faíscas ocorrem através de um pequeno *gap* entre a ferramenta e a superfície da peça. O processo usa um fluido dielétrico, que resfria os cavacos e os leva da superfície da peça. Geralmente, um CNC é empregado nesse processo. O processo está ilustrado na Figura 4.13. A **eletroerosão a fio** é uma forma especial de usinagem por eletroerosão que usa um fio de pequeno diâmetro como eletrodo para fazer um corte estreito na peça.

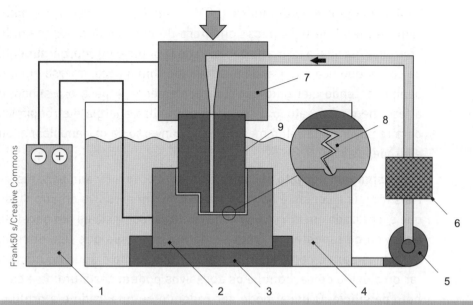

Figura 4.13 – Representação esquemática da usinagem por eletroerosão (EDM): (1) gerador de pulso (DC); (2) peça; (3) dispositivo de fixação da peça; (4) fluido dielétrico; (5) bomba; (6) filtro; (7) porta-ferramenta; (8) descarga elétrica; (9) ferramenta (eletrodo).

A **usinagem ultrassônica** (USM – *ultrasonic machining*) é um processo em que uma lama abrasiva é movida contra a peça por uma ferramenta vibratória em baixa amplitude e alta frequência. A lama abrasiva é formada por abrasivos como CBN, SiC e diamante contidos em uma suspensão em água em concentrações de 20% a 60%. A ferramenta oscila em uma direção perpendicular à superfície da peça e é avançada lentamente para a peça, de modo que a forma da ferramenta é transmitida para a peça. Porém, é a ação dos abrasivos, colidindo com a superfície da peça, que realiza a usinagem. Nesse caso, trata-se do uso de energia mecânica que não envolve a ação de uma ferramenta de corte convencional.

A **usinagem química** (CM – *chemical machining*) utiliza produtos químicos para remover seletivamente o material de partes da peça, enquanto outras partes da superfície são protegidas por uma máscara, que é gerada por tintas, fitas ou materiais poliméricos. A escolha adequada do corrosivo químico possibilita que a maioria dos materiais seja usinada dessa forma.

A **usinagem eletroquímica** (ECM – *electrochemical machining*) remove metal de uma peça condutora de eletricidade por meio de eletrólise, na qual a forma da peça é obtida por um eletrodo, geralmente de cobre, que fica em grande proximidade com a peça, imersa em um banho contendo eletrólito que flui rapidamente. A peça é o ânodo, e a ferramenta é o cátodo. Esse processo utiliza energia eletroquímica para remover material; o mecanismo é o inverso da galvanoplastia (ou eletrodeposição).

A **usinagem por jato abrasivo** é um processo indicado para materiais frágeis e consiste na ação erosiva de um abrasivo em um fluido que é focalizado em um jato de alta velocidade por meio de um bocal de safira ou de tungstênio. Trata-se de um processo que usa energia mecânica para o corte do material. O meio fluido é água ou um gás (ar ou dióxido de carbono) e os abrasivos podem ser alumina e carbeto de silício. O bocal pode ser redondo ou quadrado e a profundidade da usinagem pode ser ampliada de acordo com a pressão do jato.

Além dos processos citados, outras possibilidades de usinagem não tradicional incluem a usinagem por feixe de elétrons (EBM — *electron beam machining*), que utiliza um fluxo de elétrons focalizado na superfície da peça para remover o material por fusão e vaporização; e a usinagem a laser (LBM — *laser beam machining*), que utiliza um feixe de laser para remover material por meio de vaporização e ablação.

4.2.5 Processos de união (soldagem)

Soldagem é um processo de manufatura utilizado para unir materiais, no qual duas ou mais partes são coalescidas em suas superfícies de contato pela aplicação adequada de calor e/ou pressão.

Em alguns processos de soldagem, um material de **adição** é acrescentado para facilitar a coalescência. A montagem das peças unidas por soldagem se chama **conjunto soldado**. Geralmente, a soldagem é utilizada em peças metálicas, mas o processo também é utilizado para unir outros tipos de materiais como polímeros termoplásticos.

Os processos de soldagem utilizam diversas formas ou combinações de energia: elétricas, químicas, ópticas e mecânicas. Eles podem ser divididos, basicamente, em dois grupos principais: soldagem por fusão e soldagem no estado sólido. Há também a brasagem e a soldagem branda ou fraca, nas quais apenas o metal de adição é fundido e não o metal de base.

4.2.5.1 Soldagem por fusão

Trata-se de processos de soldagem que utilizam a fusão e solidificação do material na zona de junção. As principais zonas de um processo de soldagem por fusão estão representadas na Figura 4.14, sendo elas: as zonas de metal de adição e metal de base nos estados líquidos (fundidos), cuja mistura gerará a zona de fusão; a zona de metal de base solidificado, que é um contorno estreito denominado interface da solda que separa a zona de fusão da zona afetada pelo calor (ZAC); e a zona do metal de base que não foi afetada e, portanto, não apresenta alteração metalúrgica. Porém, em função da contração do metal na zona de fusão, o metal de base que circunda a ZAC é suscetível ao estado de tensão residual elevado.

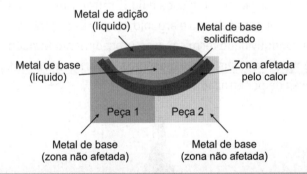

Figura 4.14 – Processo de soldagem por fusão.

Na sequência, são apresentadas definições e informações tecnológicas sobre importantes processos de soldagem por fusão.

Há um grupo de processos de soldagem cujo aquecimento dos metais é obtido a partir de um arco elétrico, tratando-se de **soldagem a arco** (AW – arc welding), mostrada na Figura 4.15. Em relação às questões técnicas, os processos de soldagem a arco utilizam eletrodos consumíveis ou não e carecem de proteção do arco em função das altas temperaturas do arco elétrico (6.000 °C a 30.000 °C). Essa proteção é obtida pelo revestimento da ponta do eletrodo, arco, e poça de solda

> O **fluxo** é um material que é colocado no local a ser soldado em alguns processos de soldagem. Durante a soldagem, ocorre a fusão e a transformação do fluxo em escória líquida, cobrindo a operação e protegendo o metal de solda fundido. O fluxo é formulado com misturas complexas para atender várias funções como proporcionar atmosfera protetora para a soldagem, estabilizar o arco e reduzir os respingos.

fundida com uma camada de gás ou fluxo, ou ambos, que inibe a exposição do metal de solda ao ar. Algumas operações de soldagem a arco também aplicam pressão durante o processo, e a maioria utiliza um metal de adição.

O **processo de soldagem TIG** (*tungsten inert gas*) é um processo a arco elétrico, o qual é gerado automaticamente na linha de união entre a peça e um eletrodo não consumível de tungstênio e com proteção gasosa de um gás inerte, geralmente argônio, para evitar oxidação e contaminação. Também é chamado de soldagem a arco tungstênio com atmosfera gasosa. Nesse processo, o metal é fundido e a solda é gerada com ou sem metal de adição. Ele é aplicado à maioria dos metais não ferrosos como cobre, alumínio, níquel, com exceção do zinco, e metais ferrosos como aço-carbono, aços inoxidáveis, aços de baixa liga, metais preciosos e ligas refratárias. No caso do cobre, utiliza-se uma mistura de hélio e argônio como gás de proteção em função da sua alta condutividade térmica; esse procedimento também é adotado na soldagem de materiais com espessuras superiores a 6 mm, para obter maiores taxas de penetração e solda.

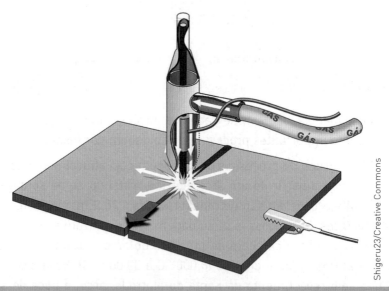

Figura 4.15 – Processo de soldagem a arco elétrico.

O **processo de soldagem MIG** (*metal inert gas*) é um processo a arco elétrico no qual o eletrodo consumível é um arame metálico não revestido (nu), e a proteção é obtida pelo preenchimento do arco com um gás inerte, como o argônio ou o hélio. Os gases inertes são utilizados para soldar ligas de alumínio e aços inoxidáveis. No **processo de soldagem MAG** (*metal active gas*), a diferença é que se utiliza um gás ativo como o dióxido de carbono, ou combinações como a de dióxido de carbono e argônio ou oxigênio e argônio, que oxida o metal durante a soldagem. A oxidação de um filme da superfície da poça de fusão proporciona benefícios como a estabilidade do arco; e para evitar a formação de inclusões na solda são adicionados elementos desoxidantes como o manganês, por exemplo. MAG é um processo frequentemente empregado na soldagem de aços com baixo e médio teor de carbono. Nesses dois processos, conhecidos como soldagem a arco metálico com atmosfera gasosa, a combinação do eletrodo nu e da atmosfera gasosa controlada elimina a deposição de escória no cordão de solda e, com isso, dispensa a necessidade de esmerilhamento manual e remoção da escória. Os dois processos são ideais para soldagens multipasses na mesma junta.

A **soldagem a arco com eletrodo revestido** (SMAW – *shielded metal arc welding*) é um processo de soldagem no qual a fusão do metal é produzida pelo aquecimento gerado por um arco elétrico mantido entre a ponta de um eletrodo consumível e a superfície do metal de base. O eletrodo consiste em uma vareta de metal de adição revestida com elementos químicos que fornecem a proteção gasosa ao processo de soldagem.

A **soldagem a arco com arame tubular** (FCAW – *flux-cored arc welding*) é um processo de soldagem a arco elétrico no qual o eletrodo é um tubo consumível na forma de arame e contínuo, que contém fluxo e outros elementos em seu núcleo, que podem incluir desoxidantes e elementos de liga. O eletrodo é flexível e pode ser fornecido na forma de bobinas para ser alimentado continuamente por meio de uma pistola de soldagem a arco. Existem duas variações do processo FCAW: **soldagem com arame tubular autoprotegida**, com proteção fornecida por um núcleo com fluxo; e **soldagem com arame tubular e proteção gasosa**, que obtém a proteção do arco a partir de gases fornecidos externamente.

A **soldagem a arco submerso** (SAW – *submerged arc welding*) é um processo de soldagem a arco elétrico similar a soldagem a arco elétrico com eletrodo revestido. No processo SAW, utiliza-se arame (eletrodo) sem revestimento, consumível e contínuo, e a proteção do arco é proporcionada por uma camada de fluxo granular. O arame é alimentado automaticamente no arco a partir de uma bobina. O fluxo é introduzido na junta, ligeiramente à frente do arco de solda, por gravidade, proveniente de um funil. A operação de soldagem fica completamente submersa na camada de fluxo granular, prevenindo centelhas, respingos e radiação, que são muito nocivos em outros processos de soldagem a arco elétrico. O processo SAW é amplamente utilizado na fabricação de aços para perfis estruturais (por exemplo, soldagem de vigas em I); costuras longitudinais e circunferências para tubos de grande diâmetro, vasos de pressão; e componentes soldados para máquinas pesadas.

A **soldagem a arco plasma** (PAW – *plasma arc welding*) é uma forma especial de soldagem TIG, em que um arco plasma constrito entre um eletrodo não consumível de tungstênio e o metal ou entre o eletrodo e o bocal de constrição produz o aquecimento necessário para fundir e unir as partes. Nesse processo, utiliza-se um fluxo de gás inerte de alta velocidade na região do arco para formar um fluxo de arco plasma intensamente quente, com temperaturas que atingem 33.000 °C, à alta velocidade, tornando possível a fusão de qualquer metal conhecido.

ATENÇÃO!

O arco elétrico produz calor intenso, que pode ser utilizado para fundir praticamente qualquer metal com a finalidade de soldar ou cortar. A maioria dos processos de corte a arco usa o calor gerado por um arco elétrico entre um eletrodo e uma peça metálica para produzir um corte, que separa a peça por meio de fusão. Os processos de corte a arco são processos especiais de usinagem que empregam energia térmica e os mais comuns são o **corte a plasma**, que separa metais pela fusão de uma área localizada com um arco de plasma e remove o material fundido com um jato de gás ionizado de alta velocidade; e **corte a arco com eletrodo de carvão**, no qual a fusão dos metais a serem cortadas é gerada pelo calor estabelecido entre um eletrodo de carvão (ou carbono) e a peça, e, de forma simultânea, um jato de ar comprimido remove o material fundido.

A **soldagem por eletroescória** (ESW – *electroslag welding*) é um processo de soldagem por fusão, no qual o coalescimento dos metais é obtido pelo calor gerado pela resistência que uma escória fundida quente, eletricamente condutora, oferece à passagem de corrente elétrica entre o eletrodo consumível e a peça. É realizada em uma orientação vertical usando sapatas de retenção refrigeradas a água para conter a escória fundida e o metal de solda. Vale ressaltar que um arco entre a ponta do eletrodo consumível e a região da peça de trabalho é estabelecido no início desse processo, mas não o caracteriza como soldagem a arco. Outro processo é a **soldagem por eletrogás** (EGW – *electrogas welding*), que é similar a soldagem por eletroescória, diferenciando-se pelo fato do calor do processo EGW ser gerado pelo arco elétrico estabelecido entre o eletrodo consumível contínuo e a peça, sendo, portanto, um processo de soldagem a arco.

A **soldagem por resistência** (RW – *resistance welding*) compreende um grupo de processos de soldagem por fusão, que utiliza uma combinação de calor e pressão para obter coalescência, com o calor sendo gerado pela resistência elétrica decorrente do fluxo de corrente entre as junções a serem soldadas. A **soldagem por resistência por ponto** (RSW – *resistance spot welding*) é um processo de soldagem no qual a fusão das superfícies de atrito de uma junta sobreposta é obtida em um local por eletrodos em posições opostas, como mostrado na Figura 4.16. Também é conhecida como soldagem por ponto. Trata-se do processo de soldagem por resistência mais difundido e que resulta em uma zona fundida entre as duas peças, chamada de *lente de solda* ou *pepita de solda*. Um exemplo de aplicação desse processo está na soldagem de cabines de caminhões, que utiliza robôs e apresenta elevado nível de automação.

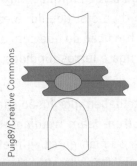

Figura 4.16 – Soldagem por resistência.

A **soldagem por resistência por costura** (RSEW – *resistance seam welding*) é um processo de soldagem por resistência que se diferencia da soldagem por ponto pelo fato de os eletrodos em forma de vareta na soldagem por ponto serem trocados por eletrodos giratórios na forma de rodas ou rolos, e, em função disso, uma série de soldas por pontos sobrepostas são feitas ao longo da junta. A soldagem por costura apresenta aplicações industriais na produção de tanques de gasolina, silenciosos de automóveis e outros recipientes fabricados de chapas metálicas.

De forma geral, a soldagem por resistência utiliza eletrodos não consumíveis e não utiliza gases de proteção, fluxo ou metal de adição. Apesar do calor aplicado nesses processos quase sempre causar a fusão das superfícies em atrito, algumas operações de soldagem baseadas em aquecimento por resistência elétrica empregam temperaturas abaixo dos pontos de fusão dos metais de base. No entanto, a soldagem por resistência é classificada como soldagem por fusão.

A **soldagem por oxi-gás** (OFW – *oxyfuel gas welding*) consiste no processo de soldagem por fusão que é realizada por meio da queima de vários combustíveis misturados com oxigênio. O gás oxicombustível também é utilizado frequentemente em maçaricos para cortar e separar placas metálicas e outras peças. O gás mais utilizado é o acetileno, recebendo o nome de soldagem oxiacetileno, com baixo custo e com chama com temperatura de até 3.100 °C.

A **soldagem por aluminotermia** ou **soldagem a termite** (TW – *thermit welding*) é um processo de soldagem por fusão no qual a união entre os metais é obtida pelo preenchimento da interface de junção com o metal fundido superaquecido, cuja energia é originária de uma reação aluminotérmica, que produz aço fundido e escória de alumínio a partir de uma mistura de pó de alumínio e óxido de ferro. O metal de adição é obtido por meio do metal líquido, e esse processo tem mais coisas em comum com a fundição do que com a soldagem. Limita-se a aços-carbono e de baixa liga e ferros fundidos, ou seja, determinadas ligas de ferro.

Outros processos de soldagem por fusão são a **soldagem por feixe de elétrons** (EBW – *electron-beam welding*), que é um processo de soldagem cujo calor para a união entre os metais similares ou dissimilares é produzido por um fluxo de alta intensidade e uma corrente extremamente concentrada de elétrons que incidem sobre a superfície de trabalho; e a **soldagem por laser** (LBW – *laser-beam welding*), cujo coalescimento é alcançado pela energia de um feixe de luz coerente e altamente concentrado, focalizado sobre a junta a ser soldada, sendo um processo normalmente realizado com atmosfera gasosa para prevenir a oxidação, e sem um metal de adição. Esses dois processos são empregados para produzir soldas de alta qualidade, penetração elevada e uma estreita zona afetada pelo calor.

4.2.5.2 Soldagem no estado sólido

Soldagem por atrito (ou por fricção) (FRW – *friction welding*) é um processo de soldagem no estado sólido no qual a união dos metais é alcançada pelo calor gerado pelo atrito combinado com pressão. O atrito é induzido pelo contato e pelo movimento relativo entre os metais de base, geralmente pela alta rotação de uma peça em relação à outra fixa (duas barras redondas ou tubos), elevando a temperatura na interface da junta até a faixa de trabalho a quente dos metais envolvidos, pois ocorre deformação plástica. Esse processo também é denominado soldagem por fricção rotativa ou soldagem por atrito convencional.

Em termos históricos, esse processo foi desenvolvido na antiga União Soviética e introduzido nos Estados Unidos por volta de 1960. Há dois tipos de soldagem por fricção rotativa: não inercial, no qual ocorre a interrupção brusca da rotação e o aumento da pressão até completar a ligação metalúrgica; e inercial, no qual o sistema de rotação é deixado sua própria inércia após ser liberado por um sistema de embreagem, e a pressão é criada com o avanço do cabeçote até completar a ligação metalúrgica.

A força de compressão axial durante o processo de soldagem por atrito convencional recalca as peças por meio da deformação plástica gerada, e uma rebarba é produzida pelo material deslocado. A rebarba deve ser retirada para promover uma superfície plana na região da solda. Trata-se de um processo de soldagem, que pode ser aplicado praticamente a todos os metais similares e dissimilares, sem o uso de metal de adição, fluxo e gases protetores. A soldagem por atrito é propensa aos métodos de produção automatizados, e apresenta como fator limitador o alto custo do equipamento.

A **soldagem por atrito e mistura** (FSW – *friction stir welding*) é um processo de soldagem no estado sólido no qual uma ferramenta rotativa não consumível avança ao longo da linha de união entre duas peças a serem soldadas, gerando calor de atrito e agitação mecânica do metal para formar o cordão de solda. Esse processo também é conhecido como soldagem por agitação e atrito. O processo FSW é relativamente novo, pois foi desenvolvido em 1991, no *The Welding Institute*, em Cambridge, na Inglaterra. O processo FSW diferencia-se do processo de soldagem por atrito convencional pelo fato de que o calor de atrito é gerado por uma ferramenta resistente ao desgaste, separada, em vez das próprias peças (metais de base).

A ferramenta rotativa é escalonada, consistindo em uma base ("ombro" cilíndrico) e um pequeno pino central projetado abaixo do ombro, como mostrado na Figura 4.17. Durante o processo FSW, a base entra em atrito com as superfícies de topo das duas peças, desenvolvendo grande parte do calor de atrito, enquanto o pino central gera calor adicional misturando mecanicamente o metal ao longo das superfícies de topo. O calor produzido pela combinação de atrito e mistura não funde o metal, mas o amolece para que ocorra deformação plástica. À medida que a ferramenta avança ao longo da junta, a superfície principal do pino gira e pressiona o metal em torno dele e em seu percurso, desenvolvendo forças que forjam o metal em uma costura de solda. A base serve para restringir o fluxo de metal plastificado em torno do pino. Na Figura 4.17 são ilustradas as etapas do processo FSW.

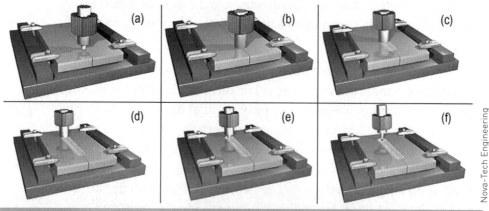

Figura 4.17 – Etapas do processo *friction stir welding* (FSW): (a) conectando pino ao metal; (b) entrada do pino; (c) junta em processo; (d) fim do avanço da ferramenta; (e) retirando o pino; (f) pino totalmente retraído.

O processo FSW é aplicado nas indústrias aeroespacial, automotiva, ferroviária e naval, principalmente em juntas de topo em grandes peças de ligas de alumínio (séries 2xxx, 5xxx, 6xxx e 7xxx), incluindo ligas que não podem ser soldadas por técnicas de soldagem por fusão. Outros metais, incluindo aços, cobre e titânio, bem como metais dissimilares e até componentes híbridos (ligas de alumínio e magnésio) e outros materiais de engenharia como polímeros e compósitos também têm sido soldados por esse processo. Dentre as suas vantagens estão a obtenção de boas propriedades mecânicas da junta de solda; a ausência de problemas como gases tóxicos e empenamento; pouca distorção ou contração; e bom aspecto da solda. A produção de um furo na peça quando a ferramenta é retirada é uma desvantagem desse processo, conforme mostra a Figura 4.17f.

A **soldagem por difusão** (DFW – *diffusion welding*) é um processo de soldagem no estado sólido que resulta da aplicação de calor e pressão, geralmente em atmosfera inerte controlada, cujo principal mecanismo de união dos metais é a difusão no estado sólido, envolvendo a migração dos átomos através das interfaces entre as superfícies de contato. A interdifusão atômica e uma deformação plástica localizada na interface da união criam a ligação metalúrgica após um período. As aplicações desse processo incluem a união de metais de alta resistência e refratários nas indústrias aeroespacial e nuclear, podendo ser metais similares ou dissimilares. Normalmente, na união de metais dissimilares, insere-se uma camada de enchimento de metal diferente entre os dois metais de base para promover a difusão.

A **soldagem por explosão** (EXW – *explosion welding*) é um processo de soldagem no estado sólido, no qual a rápida união de duas superfícies metálicas é ocasionada pela energia de detonação de um explosivo. Geralmente, o processo EXW é utilizado na união de dois metais dissimilares, em particular para aplicar um metal como revestimento de um metal de base *(revestimento por explosão)*. O processo não usa metal de adição, nem aplicação de calor externo e não ocorre difusão durante o processo.

A **soldagem por ultrassom** (USW – *ultrasonic welding*) é um processo de soldagem no estado sólido em que dois componentes são unidos sob uma pequena pressão de aperto na face da união, provocada por uma sonda vibratória, com o objetivo de provocar o coalescimento.

O movimento oscilatório entre as duas peças rompe quaisquer óxidos superficiais, propiciando o maior contato e a elevação da temperatura para que ocorra a forte ligação metalúrgica entre as superfícies. Nesse processo não é necessário usar metais de adição, fluxos ou gases de proteção. A soldagem ultrassônica pode ser usada em metais mais dúcteis, como aços-carbono, ligas de alumínio e cobre, metais preciosos e alguns polímeros termoplásticos; podendo ser empregada na união de materiais dissimilares.

Em função da soldagem no estado sólido normalmente está associada à deformação plástica, há processos cujas denominações combinam soldagem com processo de conformação mecânica; esse é o caso da soldagem por forja e uma de suas variantes: a soldagem por laminação. A **soldagem por forja** é um processo de soldagem no qual os componentes a serem unidos são aquecidos até altas temperaturas de trabalho e depois forjados juntos por meio de um martelo ou outros meios. A **soldagem por laminação** ou **soldagem por rolos** (ROW – *roll welding*) é um processo no qual é aplicada pressão suficiente através de rolos para provocar o coalescimento do material, com ou sem aplicação externa de calor, podendo ser a quente ou a frio. Outra variante é a **soldagem por forja a frio** (CW – *cold welding*), que ocorre em temperatura ambiente, pela aplicação de alta pressão entre as superfícies de contato excepcionalmente limpas, exigindo desengraxe e escovação delas. Um exemplo de aplicação de CW está na preparação de conexões elétricas.

Outros processos de união de materiais incluem a brasagem, a soldagem branda e a união adesiva. A **brasagem** consiste na aplicação de calor, fundindo um material de adição, que tenha temperatura de fusão maior ou igual a 450 °C, na região interfacial dentre as peças a serem unidas, que não se fundem. Na brasagem, a união ocorre por ação capilar do metal de adição e, geralmente, utiliza-se um fluxo para evitar a oxidação e auxiliar na remoção de óxidos quando formados e reduzir a fumaça. Exemplos de metais de adição usados na brasagem são cobre para aço doce, ligas de cobre (latões e bronzes) para cobre, ligas de alumínio-silício para alumínio e outros. A **soldagem branda** ou **soldagem fraca** aplica princípio de processamento similar à brasagem, com a diferença de que o metal de adição funde-se à temperatura inferior a 450 °C. Exemplos de metais de adição usados na soldagem branda são as ligas chumbo-estanho, ligas chumbo-prata, ligas estanho-antimônio etc. A brasagem e a soldagem branda são comumente aplicadas em uniões de chapas metálicas e tubulares; e a aplicação da soldagem branda tem destaque em conexões elétricas. A **união adesiva** consiste na união de materiais similares e dissimilares (aderentes) por meio da aplicação de um adesivo em suas superfícies de contato. O adesivo é uma substância natural ou sintética, que é curada para produzir a união; ele pode ser aplicado manualmente ou automaticamente por técnicas como escovação, pulverização, revestimento com rolo ou por bocal e outras. Os exemplos de adesivos incluem resinas termoplásticas para situações de pequena carga, resinas termofixas de fenol-formaldeído para uniões mais resistentes e outros. Além disso, podem ser empregados nos adesivos vários aditivos, como catalisadores, endurecedores, flocos metálicos de prata para condutividade elétrica e alumina para condução térmica.

ATENÇÃO!

> Os processos de união como a soldagem, brasagem, soldagem branda e união adesiva são tecnologias de montagem em que o processo de união é permanente. Em relação à tecnologia de montagem, há também a possibilidade de união de peças ou componentes por fixação mecânica, que pode ser obtida por meio de fixadores roscados como parafusos e porcas (elementos desmontáveis), rebites (fixação mecânica permanente) e outros. O ajuste com interferência é outra tecnologia de montagem importante; ele baseia-se na interferência mecânica entre duas peças a serem unidas para que ocorra o encaixe. Em função dos custos elevados das operações de montagem, as empresas objetivam um **projeto orientado à montagem** (DFA – *design for assembly*), com foco no projeto do produto com o mínimo possível de peças e que estas sejam de fácil montagem.

4.3 Processamento de cerâmicas, polímeros e compósitos

Nesta parte do livro são abordadas importantes tecnologias de manufatura utilizadas para fabricar produtos de cerâmicas, polímeros e compósitos, que também são importantes materiais de engenharia em função de suas propriedades e aplicações tecnológicas.

Em relação aos **materiais cerâmicos**, são considerados os métodos de processamento usados para as cerâmicas tradicionais, avançadas e vidros e, além disso, os processamentos dos materiais compósitos de matriz metálica (CMM).

Os principais produtos obtidos por **cerâmicas tradicionais** são potes, porcelanas, tijolos, telhas, cerâmicas refratárias e cimentos. Essas cerâmicas são feitas de minerais presentes na natureza, sendo a matéria-prima do processamento na forma de pós, que são usualmente misturados com água para ligar de forma temporária as partículas, e assim conseguir a consistência necessária para a moldagem. Geralmente, o processo tecnológico de manufatura envolve as seguintes etapas:

a) preparação da matéria-prima, que basicamente é constituída de silicatos cerâmicos (argilas), e requer a redução do tamanho das partículas para pós por meio de cominuição (pulverização): britagem ou moagem;

b) a moldagem da argila úmida, em que uma massa plástica constituída de pó cerâmico e água é moldada por meio de processos como colagem de barbotina, conformação plástica, prensagem semisseca e prensagem a seco;

c) secagem, que consiste na remoção da água antes da queima; e

d) queima (sinterização), na qual a peça cerâmica com processamento incompleto (verde) passa por um processo térmico de sinterização em fornos do tipo mufla proporcionando ligações entre as partículas da peça verde, formando os grãos dos materiais cerâmicos, além de densificar e reduzir a porosidade do material.

Em relação à moldagem, a **colagem de barbotina** baseia-se em verter a barbotina (suspensão bastante fluida do pó cerâmico com água) no molde poroso de gesso formando uma camada firme de argila na superfície do molde. Os processos de colagem sólida e colagem por drenagem são as duas variações da colagem de barbotina, e ambos estão ilustrados na Figura 4.18. Na **colagem sólida**, produz-se uma "cerâmica verde" que é um componente sólido (maciço); nesse caso, o molde precisa ser periodicamente reabastecido com adição de suspensão para compensar a contração decorrente da absorção de água. Na **colagem por drenagem**, a "cerâmica verde" é um componente oco produzido pela drenagem do excesso de suspensão, tratando-se de um processo muito similar às fundições de metais ocos.

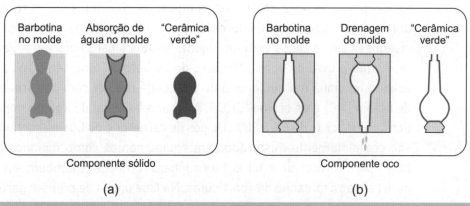

Figura 4.18 – Colagem de barbotina: (a) colagem sólida e (b) colagem por drenagem.

As **cerâmicas avançadas** são produzidas a partir de compostos químicos como óxidos, carbetos e nitretos, que são matéria-prima sintetizada, e o seu processamento permite a fabricação de produtos como ferramentas de corte, ossos artificiais, combustíveis nucleares, substratos de circuitos eletrônicos e outros. As etapas de processamento das cerâmicas avançadas são similares às apresentadas nas cerâmicas tradicionais, a começar pela matéria-prima que também se encontra na forma de pós. Entretanto, há particularidades entre os processamentos. De forma resumida, as etapas de processamento das cerâmicas avançadas são:

a) preparação de matérias-primas, com maior controle dos pós, que precisam ser mais homogêneos em tamanho e em composição (outras substâncias são usadas como ligantes);

b) moldagem e conformação, em que algumas técnicas de fabricação das cerâmicas tradicionais são usadas para conformar as cerâmicas avançadas como a colagem de barbotina, por exemplo;

c) sinterização, com o predomínio de uso de um único composto químico (por exemplo, Al_2O_3).

A sinterização no processamento de cerâmicas avançadas e tradicionais tem o mesmo objetivo da metalurgia do pó, que é promover uma reação no estado sólido que una o material, formando uma massa sólida resistente e rígida. A secagem é omitida no processamento da maioria das cerâmicas avançadas, pois a plasticidade necessária para a sua moldagem não é geralmente baseada na mistura com água.

Na produção dos **materiais compósitos** denominados carbetos duros sinterizados (metais duros e cermets), os pós de carbetos precisam ser sinterizados com um ligante metálico para obter uma peça resistente e livre de poros. No caso do carbeto de tungstênio (WC), o cobalto funciona melhor, enquanto o níquel é melhor com os carbetos de titânio (TiC) e de cromo (Cr_3C_2). A proporção usual de ligante metálico fica em torno de 4% a 20%. Os pós de carbetos e do ligante metálico são completamente misturados em equipamentos como moinhos de bolas para formar uma lama homogênea. A moagem também serve para refinar o tamanho das partículas. Na fase prévia de preparo para a conformação, a mistura é então seca sob vácuo ou em atmosfera controlada para evitar a oxidação. Operações de compactação, sinterização e secundárias são utilizadas para produzir peças desses materiais, que são **compósitos de matriz metálica** (CMM).

Em relação aos produtos à **base de vidro**, a tecnologia de manufatura pela qual o *vidro* é transformado em produtos úteis é bastante diferente daquela usada para as outras cerâmicas. O vidro é um material cerâmico distinguido por sua estrutura não cristalina (vítrea), enquanto as cerâmicas tradicionais e avançadas têm estrutura cristalina. No processamento dos vidros, a principal matéria-prima é a sílica (SiO_2), que é em geral combinada com outros óxidos cerâmicos para formar os vidros.

Muitos dos produtos de vidro são feitos em quantidades significativas, como os bulbos de lâmpadas, garrafas de bebidas e vidros de janelas. Outros produtos são fabricados individualmente, como as grandes lentes de telescópios. Alguns dos processos que empregam tecnologias altamente mecanizadas para a produção de peças individuais e em grandes quantidades são a prensagem e o sopro, ambos discutidos na sequência.

A **prensagem** é um processo muito utilizado para a produção, em massa, de utensílios de vidro que sejam relativamente planos e com paredes relativamente espessas, como pratos, travessas e lentes. O processo está ilustrado na Figura 4.19a. Nesse processo, uma gota (ou tarugo) é conformada pela aplicação de pressão em um molde feito de ferro fundido e revestido com grafita, que é normalmente aquecido para proporcionar uniformidade na superfície da peça de vidro. As grandes quantidades da maioria dos produtos prensados justificam o alto grau de automação nesse processo de produção.

O **sopro** (ou **insulflação**) é utilizado em vários processos de conformação de vidros, e em alguns deles trata-se de uma operação manual, porém o sopro pode ser realizado em um equipamento altamente automatizado. Basicamente, o sopro inicia-se em uma gota de vidro, forma temporária denominada *parison*, que é inserida em um molde de acabamento ou de sopro e é forçada a se conformar aos contornos do molde pela pressão criada por uma injeção de ar comprimido, conforme ilustrado na Figura 4.19b.

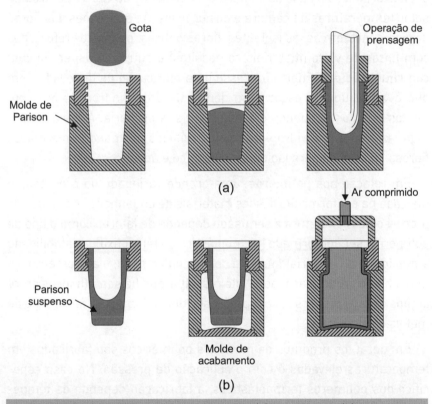

Figura 4.19 – Produção de recipientes de vidro: (a) prensagem e (b) sopro.

O método de **prensagem e sopro** consiste em uma operação de prensagem seguida por uma operação de sopro. O processo é adequado para a produção de recipientes com gargalo largo, e para auxiliar na remoção da peça utiliza-se um molde bipartido.

Outro processo é a **centrifugação do vidro**, que é similar à *fundição por centrifugação* dos metais; no caso da produção de vidros, consiste na colocação de uma gota de vidro fundido no interior de um molde cônico, feito de aço. O molde é rotacionado para que a força centrífuga faça com que o vidro escoe e espalhe-se sobre a superfície do molde. Esse processo é utilizado para produzir peças ou componentes com formatos afunilados.

As fibras de vidro podem ser conformadas por meio de uma operação de **estiramento de filamentos contínuos**, no qual o vidro fundido é colocado em uma câmara de aquecimento de liga de platina. As fibras são conformadas pelo estiramento do vidro fundido por muitos pequenos orifícios na base da câmara. A viscosidade do vidro é controlada pelas temperaturas da câmara e dos orifícios. As aplicações das fibras de vidros incluem as lãs isolantes, fibras ópticas, polímeros reforçados com fibras de vidro (materiais compósitos) e outras. A **aspersão com centrifugação** é um típico processo para fabricação de lã de vidro, em que o vidro fundido escoa para dentro de um cilindro rotativo, com muitos orifícios pequenos dispostos em sua periferia. A força centrífuga faz com que o vidro escoe pelos orifícios, formando uma massa fibrosa, adequada para isolamento térmico e acústico.

Em relação aos **polímeros**, uma grande variedade de processos é utilizada na conformação desses materiais de engenharia. A seleção do processo de manufatura a ser usado depende de fatores como o tipo de polímero a ser conformado (termoplástico ou termofixo); a estabilidade atmosférica do material que está sendo conformado; e a geometria e o tamanho do produto acabado. Vale ressaltar que há semelhanças entre alguns desses processos com processos utilizados para a fabricação de metais e cerâmicas.

Em geral, os produtos de materiais poliméricos são fabricados em temperaturas elevadas e com a aplicação de pressão. No caso específico dos polímeros termoplásticos, a fabricação depende da temperatura na qual eles amolecem, pois são conformados acima de sua temperatura de transição vítrea, podendo chegar a ser superior à temperatura de fusão do material. A estrutura dos materiais poliméricos também influencia no processamento, se eles são amorfos ou semicristalinos, pois a contração de polímeros semicristalinos tende a ser maior do que a de polímeros amorfos, e isso deve ser levado em consideração durante o resfriamento do plástico no molde. Geralmente, é importante manter a aplicação de uma pressão durante o resfriamento do produto, para a retenção da sua forma.

Uma vantagem significativa dos polímeros termoplásticos é que eles podem ser reciclados; as peças descartadas podem ser reprocessadas em novas formas. Porém, esses materiais não apresentam o mesmo benefício que os metais reciclados em termos de obtenção de propriedades. Por exemplo, o alumínio pode ser reciclado inúmeras vezes sem perdas no comportamento mecânico após o reprocessamento; já os termoplásticos requerem a adição de material virgem (nunca processado anteriormente) ao material reciclado durante o reprocessamento e, mesmo assim, existe decréscimo no desempenho do material.

Os polímeros termorrígidos geralmente são processados em duas fases. Na primeira fase, ocorre a preparação de um pré-polímero, que é um polímero linear, na forma de um líquido com baixo peso molecular; e a segunda fase do processamento que se trata da cura, na qual esse material é transformado no produto final, duro e rígido, frequentemente em um molde com a forma do produto. A cura pode ocorrer durante um aquecimento e/ou pela adição de catalisadores e, normalmente, em condições de aplicação de pressão. O processo de cura gera alterações químicas e estruturais ao nível molecular, formando uma estrutura com ligações cruzadas ou em rede.

Em comparação com os polímeros termoplásticos, os termorrígidos podem ser extraídos de um molde enquanto ainda estão quentes, pois já possuem estabilidade dimensional. Como desvantagem, os termorrígidos não se fundem (não são reprocessáveis) e são difíceis de reciclar. A reciclagem energética pode ser uma alternativa para os polímeros termorrígidos, usando-os como combustível para a obtenção de energia térmica e elétrica. Os termorrígidos podem ser usados em temperaturas mais elevadas do que os termoplásticos e, de forma frequente, são menos reativos quimicamente.

Os principais processos de produção que envolvem polímeros são a extrusão de polímeros e a moldagem por injeção. Além deles, a rotomoldagem, a termoformagem e outros processos são discutidos na sequência, destacando que boa parte deles pode ser utilizada também na confecção de materiais compósitos, especificamente na fabricação de compósitos de matriz polimérica (CMP).

Na **extrusão de polímeros,** a matéria-prima na forma de grânulos (*pellets*) ou pó é alimentada por um funil para um barril aquecido e empurrada através de uma rosca extrusora, onde é comprimida e derretida.

Em seguida, o material fundido é forçado através de uma matriz com o perfil desejado, e se resfria ao sair dela. Na Figura 4.20 está ilustrado o processo de extrusão de polímeros, que é um dos processos mais utilizados na confecção de produtos plásticos.

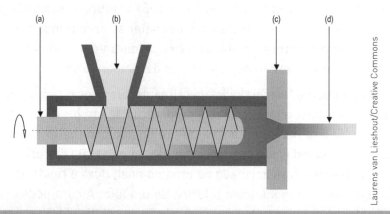

Figura 4.20 – Representação esquemática da extrusão de polímeros: (a) rosca extrusora; (b) funil de alimentação; (c) matriz; (d) perfil extrudado.

A rosca extrusora é dividida em zonas (ou seções), relacionadas às suas respectivas funções, sendo a **zona de alimentação**, na qual a matéria-prima é movida do funil de alimentação e é preaquecida por aquecedores; a **zona de compressão** (ou **de transição**), em que o material é fundido; o ar aprisionado entre os pós ou grânulos é extraído do fundido, e o material é comprimido; e a **zona de medição** (ou **de dosificação**), na qual o material fundido é homogeneizado e pressionado para que passe pela abertura da matriz.

A extrusão provoca o alinhamento das moléculas nos materiais poliméricos, porém apresenta uma tendência de aprisionamento de gases em função da entrada de ar junto com os grânulos ou pós de matéria-prima na região de transformação e deslocamento durante o processo.

A maior parte das extrusoras apresenta apenas uma rosca extrusora, mas há extrusoras com duas ou mais roscas, o que as tornam capazes de produzir fibras ou tubos coaxiais e chapas multicomponentes. Também é possível produzir revestimentos plásticos em fio de metal por processo de extrusão usando uma matriz deslocada. Para obter incremento nas taxas de produção pode-se utilizar matriz com vários furos.

A **moldagem por injeção** provavelmente seja o processo mais utilizado para a fabricação de materiais termoplásticos e é similar a fundição sob pressão (*die casting*) dos metais. O processo consiste no aquecimento dos grânulos do material polimérico e, na sequência, utiliza uma rosca, que apresenta as mesmas zonas do processo de extrusão de polímeros, para forçar o material sob pressão para dentro da cavidade de um molde. Além dos polímeros termoplásticos, esse processo pode ser empregado na fabricação de produtos de polímeros termorrígidos, elastômeros e compósitos. Nos polímeros termorrígidos, a cura ocorre enquanto o material está sob pressão em um molde aquecido, o que resulta em ciclos com tempos mais longos do que para os termoplásticos. Partes importantes de uma injetora de plásticos estão ilustradas na Figura 4.21.

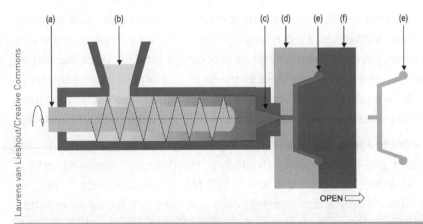

Figura 4.21 – Representação esquemática da moldagem por injeção: (a) rosca; (b) funil de alimentação; (c) região do bocal; (d) molde (metade estacionária); (e) peça; (f) molde (metade móvel).

ATENÇÃO!

A operação da rosca utilizada na moldagem por injeção ultrapassa a operação da *rosca* da extrusão de polímeros, pois além de girar, misturando e aquecendo o material. Ela também atua como um pistão, que se move rapidamente para frente para injetar o material fundido para dentro da cavidade do molde. Uma válvula retentora, montada próxima à extremidade da *rosca da injetora*, previne que o material fundido escoe para trás, ao longo dos filetes da *rosca*.

Quando dois componentes de uma resina termorrígida são injetados em uma câmara de mistura e, posteriormente, injetados em um molde em alta velocidade para que ocorra a polimerização e depois a cura, trata-se do processo de **moldagem por injeção reativa (MIR)**. O processo MIR pode ser aplicado para acrescentar material em fibra fragmentada de carbono ou de vidro durante a mistura produzindo materiais compósitos; outro exemplo de aplicação está na produção de materiais espumados que possuem uma película sólida. O tempo de ciclo do MIR depende do tamanho do produto, mas é consideravelmente superior aos tempos da moldagem por injeção de termoplásticos.

A **coinjeção** é uma variação da moldagem por injeção, tratando-se de um processo usado para produtos com machos pré-inseridos no molde antes da injeção ou injeção simultânea de materiais poliméricos dissimilares no mesmo molde.

De forma geral, a moldagem por injeção permite um bom aproveitamento do material e a produção de componentes complexos com alta precisão, porém a flexibilidade do processo é limitada a moldes específicos e tempo de preparação da máquina injetora. Os custos de ferramental e equipamentos são elevados. É um processo econômico para grandes lotes de produção, superiores a 20 mil peças ou componentes.

A **moldagem por sopro (blow molding)** consiste no uso de um *parison* (pré-forma), que é extrudado ou moldado por injeção na vertical descendente; na sequência, o molde é fechado e ar quente é soprado para dentro do *parison,* fazendo com que essa pré-forma se expanda e adquira a forma da cavidade do molde. A peça é resfriada e ejetada. Apresenta similaridade com o processo de sopro de vidros. Na **moldagem por sopro com injeção**, a pré-forma é moldada por injeção e depois transferida para a máquina de moldagem por sopro (um exemplo de aplicação típica está na produção de garrafas PET).

No processo de **rotomoldagem** (ou **moldagem por rotação**) pós ultrafinos de polímero termoplástico são colocados no molde, sendo aquecidos e girados de forma simultânea e, em função disso, as partículas se deformam e derretem sobre as paredes de um molde. Um bom exemplo de produto obtido por rotomoldagem é a caixa d'água de polietileno, mas até fluoropolímeros raros podem ser utilizados como matérias-primas para a fabricação de produtos por esse processo. O processo não requer aplicação de pressão ou forças centrífugas apesar do movimento de rotação do molde, pois é a gravidade que promove o recobrimento uniforme das superfícies do molde com o material em processamento. O giro do molde auxilia no resfriamento do componente em produção e, além disso, o molde pode ser resfriado a ar, vapor ou água.

A **termoformagem** consiste no amolecimento de uma chapa de polímero termoplástico por elementos aquecedores e puxada a vácuo contra a superfície de um molde frio, que além de moldar auxilia no resfriamento do material para que seja extraído. É possível melhorar a resistência mecânica por meio de introdução de material reforçado com fibras. As aplicações incluem recipientes, embalagens de alimentos, armários, gabinetes elétricos e outros itens com formas abertas de espessura constante. O alumínio fundido é muito empregado na confecção dos moldes desse processo.

A **pultrusão** é um processo de manufatura semelhante à extrusão de polímeros, mas adaptado para obter compósitos de matriz polimérica (CMP). Trata-se de um processo contínuo em que longos filamentos de mantas de fibra reforçada, provenientes de bobinas, são imersos em um banho de resina colante e puxados em uma matriz de conformação aquecida, onde ocorre a cura da resina. Na Figura 4.22 são mostradas as etapas do processo de pultrusão desde as bobinas até a peça pronta para o seccionamento.

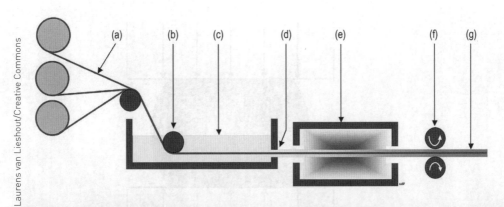

Figura 4.22 – Representação esquemática do processo de pultrusão: (a) filamentos saindo das bobinas; (b) e (c) região do banho de resina; (d) conformação prévia; (e) matriz aquecida para conformação do material e cura da resina; (f) cilindros de puxamento; (g) peça pronta para o corte.

As fibras utilizadas são de vidro (a mais comum), de carbono e de aramida na forma de bobina, manta ou tecido. A resina colante mais empregada é de poliéster; outros materiais como epóxi ou acrílico também podem ser usados. Por exemplo, no caso do uso de fibras de vidro é produzido um polímero reforçado com fibra de vidro (PRFV).

RESUMINDO...

Foram apresentados no capítulo os conceitos gerais de tecnologias de manufatura utilizadas na confecção de produtos metálicos, de cerâmicas, poliméricos e de materiais compósitos para que o leitor possa compreender de forma simples as suas respectivas relevâncias e aplicações.

Importantes processos como fundição, conformação mecânica, metalurgia do pó, usinagem, soldagem, extrusão e moldagem por injeção de polímeros também foram destacados.

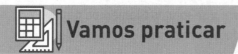

Vamos praticar

1. O embarrilamento é um efeito característico do forjamento em matriz aberta (Figura 4.23), que compreende a formação de maior área na região central do material do que nas extremidades. Por que isso ocorre?

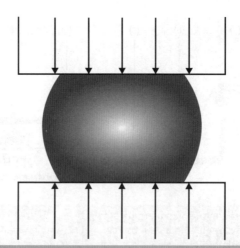

Figura 4.23 – Forjamento matriz aberta, também chamado de forjamento livre.

2. No forjamento em matriz fechada, geralmente uma parte do material escoa para fora da matriz, e este material excedente é denominado de rebarba. Há também a possibilidade de forjamento sem rebarba, que é um termo empregado para o forjamento de precisão. Explique pelo menos uma vantagem e uma limitação de cada uma dessas duas possibilidades de forjamento.

3. Reofundição e tixoconformação são tecnologias de processamento que utilizam metais semissólidos como material de partida. Defina os dois processos e compare-os com a fundição e a conformação mecânica.

4. Um componente mecânico pode ser fabricado por diferentes processos de fabricação. Por exemplo, um virabrequim de um motor à combustão interna, que necessita de alta resistência mecânica, poderia ser fundido em molde de areia, forjado, sinterizado, ou usinado a partir de um bloco. Selecione qual desses quatro processos seria o preferível na fabricação do virabrequim, considerando-se que seria feito do mesmo material metálico, e explique sua escolha.

5. Uma peça de cobre pode ser feita por metalurgia do pó (pó de cobre compactado e sinterizado para produzir um sólido) ou pode ser usinada a partir de um bloco sólido desse mesmo material. Qual das duas possibilidades consideradas oferecerá uma peça com maior tenacidade? Explique sua escolha.

6. A velocidade de corte (v_c) é um importante parâmetro de corte utilizado em processos de usinagem, como o torneamento, furação e fresamento. Nestes processos que apresentam movimentos de rotação, ela pode ser obtida por meio de $v_c = \pi.d.n/1.000$, com unidade de medida em m/min; em que d é o diâmetro do elemento rotativo no processo (ferramenta ou peça, em mm); n corresponde ao número de rotações por minuto (rpm); e a divisão por 1.000 serve para converter mm em m. Baseando-se nessas informações, calcule o número de rotações teórico que deverá ser utilizado no torneamento de desbaste de uma peça de bronze-alumínio de diâmetro de 50 mm, sabendo-se que a velocidade de corte para esta operação é de 130 m/min.

7. Há quatro tipos básicos de cavacos formados nos processos de usinagem: descontínuos, que consistem em segmentos separados ou levemente conectados; contínuos, que são cavacos longos; contínuos com aresta postiça de corte (APC), em que partes do material usinado aderem à superfície de saída da ferramenta de corte; e segmentados, que são semicontínuos. Os cavacos contínuos podem ocorrer durante a usinagem de materiais dúcteis, e podem causar problemas como se emaranhar na ferramenta, além de seu próprio descarte. No processo de torneamento, o que pode ser feito para solucionar esses problemas ocasionados pelos cavacos contínuos?

8. A cavidade de um molde de aço P20, aço ferramenta empregado na moldagem por injeção de plásticos, pode ser obtida por fresamento ou usinagem por eletroerosão. Faça um comparativo entre esses dois processos, considerando-se que se trata de usinagem de superfícies complexas.

9. Defina e cite possíveis aplicações dos seguintes processos de soldagem por fusão: MIG, MAG e TIG.

10. Em relação à soldagem no estado sólido, quais seriam as diferenças do processo FSW e da soldagem por atrito convencional?

11. Em relação ao processamento de polímeros, diferencie a extrusão de polímeros da moldagem por injeção.

12. Cite pelo menos dois processos abordados neste capítulo que podem ser utilizados no processamento de materiais compósitos. Explique suas escolhas.

Tratamentos de Engenharia

Objetivo

Este capítulo tem por objetivo apresentar os principais tratamentos de engenharia utilizados para aprimorar propriedades ou preparar os materiais de engenharia para suas respectivas aplicações. São abordadas as definições e as tecnologias envolvidas nos tratamentos térmicos e processos de tecnologia de superfícies. Têmpera, recozimento, nitretação, galvanoplastia e revestimento por CVD e PVD são alguns dos termos discutidos no capítulo.

5.1 Generalidades

Os processos de fabricação vistos no Capítulo 4 compreendem as principais tecnologias de processamento de componentes, que agregam valor aos produtos por meio de modificação intencional de forma. Neste capítulo são abordadas as tecnologias de tratamentos de engenharia, utilizadas para obter melhoria de propriedades mecânicas de componentes ou processá-los superficialmente, sem alteração intencional de forma. As tecnologias de tratamentos de engenharia são o segundo maior grupo de processamento de componentes, que é composto pelos tratamentos térmicos e pelos processos de tecnologia de superfície.

Os **tratamentos térmicos** são a mais importante tecnologia de tratamento de engenharia, incluindo processos como recozimento e têmpera utilizados em materiais metálicos e vidros. Os **processos de tecnologia de superfície** consistem em tecnologias empregadas para alterar a superfície do componente, entre elas, tratamentos de superfície, processos de revestimento e deposição de filmes finos.

Os **tratamentos termoquímicos** são aplicados em materiais como os aços, com o intuito de obter componentes com superfície mais dura e resistente ao desgaste e núcleo dúctil e tenaz. Apesar de os tratamentos termoquímicos modificarem o comportamento mecânico da superfície do material, o principal agente de transformação no material é a temperatura e, por isso, são abordados em conjunto com os tratamentos térmicos.

5.2 Tratamentos térmicos

O **tratamento térmico** envolve vários procedimentos de aquecimento e resfriamento realizados para efetuar alterações microestruturais no material, o que, por sua vez, afeta suas propriedades mecânicas. Os tratamentos térmicos são comumente aplicados nos materiais metálicos, mas tratamentos similares são realizados na metalurgia do pó e em materiais cerâmicos.

Em relação aos materiais metálicos, os tratamentos térmicos podem ser feitos em um componente nas várias etapas do seu processo de fabricação. Em alguns casos, o tratamento térmico é aplicado antes do processo de conformação mecânica de materiais metálicos com o objetivo de facilitar a conformação enquanto o material está aquecido. Em outros casos, o tratamento térmico é utilizado para diminuir os efeitos do encruamento que ocorrem durante a conformação plástica de um trabalho a frio, possibilitando uma deformação adicional no material (por exemplo, o recozimento intermediário em um processo de trefilação). O tratamento térmico também pode ser feito perto da etapa final, para atingir as propriedades mecânicas necessárias no produto final. Os principais tratamentos térmicos são recozimento, transformação martensítica nos aços por meio de têmpera, endurecimento por precipitação e tratamentos termoquímicos.

5.2.1 Tratamentos térmicos dos materiais metálicos

Em função dos tratamentos térmicos apresentarem grande aplicação no aprimoramento de propriedades de materiais metálicos, os grupos desses materiais são apresentados neste capítulo e suas respectivas possibilidades de tratamentos térmicos.

As ligas metálicas são materiais metálicos compostos de dois ou mais elementos, sendo pelo menos um desses elementos um metal. Elas podem ser consideradas como materiais imprescindíveis para a sociedade desde tempos mais remotos até o período atual, e pode-se dizer que, com o desenvolvimento de materiais e processos de fabricação, estarão presentes por muito tempo. Podem ser divididas em dois grupos: ligas ferrosas e ligas não ferrosas, conforme apresenta a Figura 5.1.

Figura 5.1 – Ligas metálicas (ferrosas e não ferrosas).

As ligas ferrosas apresentam o ferro como elemento predominante, isto é, com o maior teor na composição química da liga metálica. Basicamente, compreendem os aços e ferros fundidos. Por definição, **aço** é uma liga ferro-carbono (Fe-C) contendo geralmente de 0,008 até aproximadamente 2,0% de carbono (percentual em massa), além de certos elementos de liga resultantes de seu processo de fabricação. Com o teor superior a 2,0%C temos o **ferro fundido**, também denominado **FoFo**. Neste capítulo são considerados apenas percentuais em massa dos materiais metálicos discutidos, destacando que o percentual atômico é outra possibilidade adotada na tecnologia de materiais.

Na Figura 5.2 são mostradas as ligas ferrosas, dividindo-as em dois grupos: ligas Fe-C (aços e ferros fundidos) e outras ligas de ferro. O grupo 1 é o que está definido no parágrafo anterior, entretanto, há o grupo 2, no qual, por sua vez, tal definição não se aplica, pois se trata de ligas de ferro e não de ligas ferro-carbono. O aço maraging (liga ferro-níquel) é um exemplo de liga para o grupo 2, o que permite discussão sobre a definição comumente utilizada para aços.

Uma melhor definição para aços e ferros fundidos é a de que se trata das duas famílias principais de ligas à base de ferro. Uma das características mais importantes que diferencia os aços dos ferros fundidos é a capacidade que os aços têm de serem deformados plasticamente, de serem conformados mecanicamente.

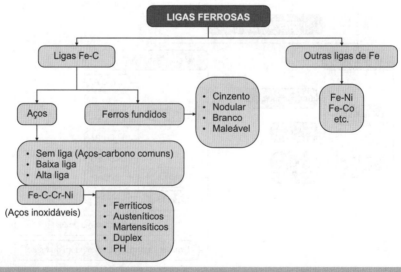

Figura 5.2 – Ligas ferrosas.

5.2.1.1 Diagrama de fases ferro-carbono (ou ferro-cementita)

A composição das ligas ferrosas pode ser mais bem explicada por meio do diagrama de equilíbrio de fases do sistema ferro-carbono (Fe-C), mostrado na Figura 5.3.

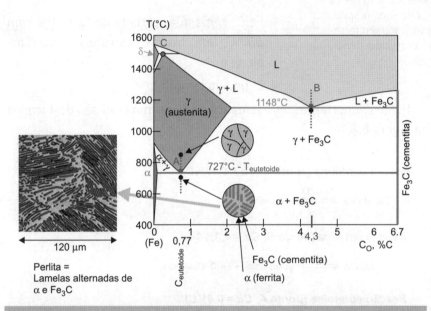

Figura 5.3 – Diagrama de Fases Fe-C.

O diagrama de fases Fe-C é resultado de condições controladas de temperatura e pressão (p = 1 atm.). Por meio dele, podem-se observar em condições próximas as de equilíbrio a fase ou as fases para um determinado valor de composição Co (%C, em massa) em uma determinada temperatura (T(°C)). Dessa forma, podem-se observar as transformações que experimentam as ligas ferro-carbono esfriadas ou aquecidas lentamente.

Fase pode ser definida como uma porção homogênea física e quimicamente de um material. Por exemplo, no ferro puro logo acima da temperatura de fusão, que é 1.538°C, o estado físico é o líquido e quimicamente ele é puro, ou seja, é uma porção homogênea física e quimicamente do material, caracterizando uma fase.

As fases e as respectivas estruturas apresentadas no diagrama Fe-C são:

> A **cementita** é um constituinte muito duro, aproximadamente 67 HRC (escala Rockwell de dureza), podendo riscar vidro. É frágil e resistente ao desgaste, e por causa de suas propriedades é utilizada em ferramentas de contato (limas, machos etc.).

» α: ferrita ou ferro α (solução sólida de carbono em Fe CCC);

» γ: austenita ou ferro γ (solução sólida de carbono em Fe CFC);

» δ: ferro delta (solução sólida de carbono em Fe CCC);

» Fe_3C: cementita, carbeto de ferro (Fe com 6,7%C, em massa: estrutura ortorrômbica); e

» L: líquido (amorfo).

Pontos importantes apresentados no diagrama Fe-C são destacados na Figura 5.4.

Reação peritética (ponto C, Co = 0,17%C):

$$Liquido + \delta \underset{}{\overset{1495°C}{\rightleftharpoons}} \gamma \, (Austenita)$$

Reação eutética (ponto B, Co = 4,3%C):

$$Liquido \underset{}{\overset{1148°C}{\rightleftharpoons}} \gamma \, (Austenita) + Fe_3C \, (Cementita)$$

Reação eutetoide (ponto A, Co = 0,8%C):

$$\gamma \, (Austenita) \underset{}{\overset{727°C}{\rightleftharpoons}} \alpha \, (Ferrita) + Fe_3C \, (Cementita)$$

| **Aço hipoeutetoide** | ←— menor que 0,8% | **0,8% C Aço eutetoide (1080)** | maior que 0,8% —→ | **Aço hipereutetoide** |

Figura 5.4 – Pontos importantes no diagrama de fases Fe-C.

O ponto eutetoide (727 °C e 0,8%C) apresenta acima austenita e abaixo perlita, que é uma solução bifásica constituída por lamelas alternadas de ferrita e de cementita, conforme a Figura 5.3. Para teores de carbono em massa menores do que 0,8% (valor aproximado para 0,77%C) o aço é hipoeutetoide, e para valores superiores a 0,8% até aproximadamente 2%C (valor aproximado para 2,11%C), o aço é hipereutetoide.

Por analogia, o ponto eutético (1.148 °C e 4,3%C) apresenta acima fase líquida e, logo abaixo, a ledeburita, solução bifásica (austenita e cementita). Ressaltando que a ledeburita é composta por perlita e cementita, abaixo de 727 °C, que é a temperatura eutetoide. Para teores de carbono maiores do que 2,0% e menores do que 4,3% o ferro fundido é hipoeutético, e para valores superiores a 4,3%C é hipereutético, considerando o diagrama apresentado na Figura 5.3. Os ferros fundidos mais utilizados são as ligas hipoeutéticas. O ponto eutético é o que apresenta menor temperatura de transformação de sólido para líquido e vice-versa, o que propicia economia de energia para essas transformações e, além disso, teor de carbono maior do que o dos aços, o que propicia maior dureza. Ressaltando que os aços podem melhorar as propriedades mecânicas por processos de conformação mecânica, pois os aços com teores menores de carbono são dúcteis, logo conformáveis.

O diagrama ferro-carbono (Fe-C), apresentado na Figura 5.3, também é conhecido como diagrama ferro-cementita (Fe-Fe$_3$C), pois apresenta em uma extremidade ferro puro e na outra extremidade 6,7%C, que corresponde a 100% Fe$_3$C (cementita).

5.2.1.2 Tratamentos térmicos de aços

São operações aplicadas aos aços, que consistem no aquecimento, no tempo de permanência no forno ou de manutenção da temperatura (chamado **encharque**, que serve para homogeneizar o material) e no resfriamento, apresentando como objetivo alterar suas propriedades em função das necessidades de aplicação. Tais alterações podem ser de ordem física, química ou as duas simultaneamente.

Os tratamentos térmicos dividem-se em dois grandes grupos:

- » tratamentos termofísicos; e
- » tratamentos termoquímicos.

Os **tratamentos termofísicos** produzem fenômenos físicos relacionados com o calor, como indica a própria formação da palavra, na qual *termo* é relativo ao calor e *físicos* às propriedades como dureza, tenacidade, ductilidade etc. São exemplos: a normalização, o recozimento, a transformação martensítica por têmpera, o revenimento etc.

Os **tratamentos termoquímicos (ou endurecimento superficial)**, também relacionados com calor, objetivam alterar a composição química superficial do material. Por exemplo, um aço com 0,1%C inicial pode apresentar após o tratamento, teor de carbono de 1% superficialmente, possibilitando superfície dura, resistente ao desgaste e núcleo tenaz. São exemplos: a cementação, a nitretação, a carbonitetração etc.

Os aços são especialmente adequados para o tratamento térmico, uma vez que respondem satisfatoriamente aos tratamentos, em termos das características desejadas, e seu uso comercial supera o de todos os demais materiais metálicos.

O **diagrama TTT** (Transformação, Tempo, Temperatura) é muito importante para ilustrar os princípios básicos dos tratamentos térmicos dos aços. Também é conhecido como curva TTT. O campo de estudo é muito amplo, mas aqui são abordados os fundamentos, selecionando o diagrama de uma composição eutetoide, tratando-se do aço eutetoide (1080), conforme a Figura 5.5.

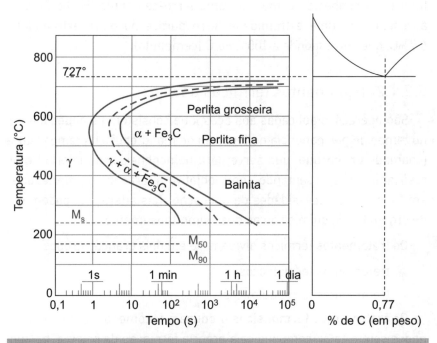

Figura 5.5 – Digrama TTT para o aço eutetoide.

O diagrama TTT introduz uma importante variável, o tempo, que não é considerada diretamente no diagrama Fe-C. No caso do diagrama TTT, o tempo é apresentado em escala logarítmica, para que sejam consideradas condições de resfriamento severas (segundos), moderadas (minutos) e lentas (horas).

Nos aços, a austenita é que se transforma em perlita, bainita ou martensita, dependendo do tipo de tratamento térmico utilizado. Na Figura 5.5, existem três curvas: a primeira, contínua e mais próxima do eixo da temperatura, indica o início de transformação e a outra, contínua e mais distante do eixo da temperatura, indica o término de transformação (100% de transformação); entre estas duas curvas aparece uma curva tracejada, que indica 50% de transformação, ou seja, 50% de austenita e 50% de perlita grosseira, perlita fina ou bainita, dependendo do tratamento térmico, considerando-se o diagrama TTT adotado. No caso da martensita, a transformação parte da austenita e deve ocorrer antes da primeira curva, a região considerada inicia-se no Ms (início de transformação martensítica).

ATENÇÃO!

Há um diagrama ou curva TTT para cada liga metálica considerada, ou seja, o aço 1020 apresenta diagrama TTT diferente do aço 1080, o que implica em condições de tratamentos térmicos e microestruturas resultantes diferentes.

Não pode ser confundido com o diagrama de fases, no qual para a liga Fe-C, verificam-se transformações de fases para composições de 100%Fe até 6,7%C, em condições de resfriamento ou de aquecimento muito lentos, da ordem de 1 °C/min.

A **têmpera** é utilizada para transformar austenita (CFC) em martensita (TCC), e com isso aumenta-se a dureza do material, conforme mostrado na Figura 5.6. O componente a ser tratado termicamente é aquecido acima da zona crítica (temperatura da zona crítica é 727 °C para o aço eutetoide), mantido por tempo suficiente para que toda estrutura transforme-se em austenítica e, posteriormente, ocorre a etapa de têmpera, em que o aço é resfriado rapidamente, em água ou em óleo.

A têmpera possibilita a transformação martensítica do aço. A **martensita** é uma fase constituída de uma solução sólida de ferro e carbono cuja composição é a mesma da austenita da qual foi originada. Trata-se de uma transformação de fase que ocorre quase instantaneamente, denominada adifusional, sem o processo de difusão dependente do tempo necessário para separar a ferrita e a cementita; a difusão ocorre nas transformações apresentadas no diagrama de equilíbrio de fases do sistema Fe-Fe$_3$C. Destacando que a curva TTT também apresenta transformações com o processo de difusão, basta observar que há condições de separação de ferrita e cementita na formação de perlita, por exemplo.

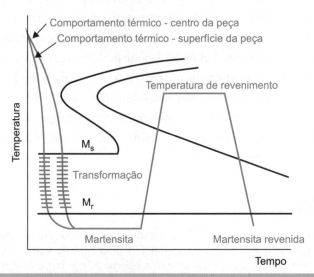

Figura 5.6 – Têmpera e revenimento no aço eutetoide.

Nota-se que a têmpera está associada ao revenimento, uma vez que o aço somente temperado é muito frágil devido à austenita retida. Observa-se M_{90} na Figura 5.5, que significa 90% de martensita, restando austenita na estrutura, o que fragiliza o material. O **revenimento** é uma operação geralmente realizada após a têmpera para melhorar a relação entre a dureza e a ductilidade do componente, que consiste em aquecer o componente a uma temperatura abaixo do limite inferior da zona crítica (entre 250 °C e 650 °C), e mantê-lo por certo tempo. Quanto maior for o tempo, maior será a ductilidade, porém menor será a dureza.

Na Figura 5.6, nota-se que o componente apresenta comportamentos térmicos diferentes entre superfície e centro (núcleo), ou seja, resfriamento não uniforme que pode gerar empenamento ou fissuras. A parte externa esfria mais rapidamente, transformando-se em martensita antes da parte interna. Durante o curto tempo em que as partes externa e interna estão com diferentes microestruturas, aparecem tensões mecânicas consideráveis. A região que contém a martensita é frágil e pode trincar.

Uma solução para este problema é um tratamento térmico denominado **martêmpera**. O resfriamento é temporariamente interrompido antes do início da transformação martensítica, antes do Ms, criando um passo isotérmico, no qual toda a peça atinge a mesma temperatura. O meio de resfriamento empregado para essa etapa pode ser óleo quente ou sal fundido. A seguir, o resfriamento é feito lentamente, normalmente ao ar, de forma que a martensita se forma uniformemente através da peça. A ductilidade é conseguida por meio de um revenimento final.

Outra maneira para evitar distorções e trincas é o tratamento denominado **austêmpera** (Figura 5.7). Nesse processo, o procedimento é análogo à martêmpera. Entretanto, a fase isotérmica é prolongada até que ocorra a completa transformação em bainita, cruzando as curvas de transformação. Não existe a fase de reaquecimento, pois dispensa o revenimento, tornando o processo mais barato.

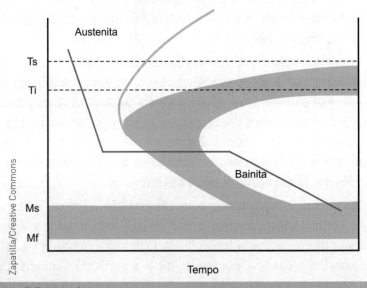

Figura 5.7 – Austêmpera.

O **recozimento pleno** diminui a dureza do material facilitando a usinabilidade e aumentando a ductilidade, o que é bom para processos de conformação plástica. Consiste em elevar a temperatura da peça acima da zona crítica, mantê-la por um tempo suficiente para a austenitização e esfriá-la lentamente (no forno), resultando em perlita grosseira como estrutura final, no caso do aço eutetoide.

Além do pleno, o recozimento pode ser:

- **Subcrítico:** o aquecimento do componente ocorre abaixo da zona crítica (temperatura eutetoide), não envolvendo a formação de austenita. O processo pode durar entre 15 e 25 horas, no qual existe uma coalescência da cementita (Fe_3C) formando partículas globulizadas, e propiciando materiais dúcteis.

- **Esferoidização ou coalescimento:** um tratamento para aumentar a ductilidade dos aços com alto teor de carbono, envolvendo a formação de estrutura austenítica total ou parcial. O componente é mantido por um tempo prolongado abaixo da temperatura de zona crítica, ou de outra forma, aquecido e esfriado alternadamente acima e abaixo da zona crítica durante um longo tempo.

Na esferoidização, o componente pode ser mantido na temperatura de 700° C (abaixo da zona crítica), entre 18 e 24 horas, formando cementita globulizada como microestrutura final. Nesse caso, a fase Fe_3C (cementita) aparece como partículas com aspecto esférico em matriz da fase α (ferrita). Propicia um aço de usinagem fácil e bom para conformação mecânica.

A **normalização** consiste em aquecer o componente a uma temperatura acima da zona crítica, mantê-lo tempo suficiente para que toda estrutura transforme-se em austenítica e esfriá-lo ao ar. A microestrutura final é composta por perlita fina, no caso do aço eutetoide. O principal objetivo é a obtenção de uma estrutura uniforme e refinada em componentes que tenham sido produzidos por fundição, laminação e forjamento.

Considerando-se um aço com composição química inalterada, a microestrutura de perlita fina possui uma quantidade muito maior de contornos entre as fases de ferrita e cementita do que a de perlita grosseira; em função disso a perlita fina é mais resistente do que a perlita grosseira, que por sua vez é mais resistente do que a cementita globulizada (esferoidizada).

Na Figura 5.8 são mostradas possíveis microestruturas obtidas em função dos respectivos tratamentos térmicos de esferoidização, recozimento pleno, transformação martensítica por têmpera, e têmpera seguida de revenimento, realizados em aços. Essas microestruturas influenciam nas propriedades mecânicas do material, em que a cementita globulizada oferecerá a maior ductilidade, seguida da estrutura perlítica (α + Fe_3C); já a estrutura martensítica é a mais dura de todas, porém em função da extrema fragilidade devido à austenita retida, requer o revenimento que produz uma estrutura composta de uma matriz de ferrita (α) e partículas muito finas de cementita (Fe_3C), que é dura e menos frágil.

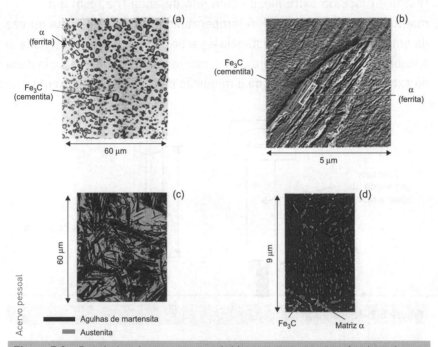

Figura 5.8 – Possíveis microestruturas obtidas nos tratamentos térmicos de aços: (a) cementita globulizada da esferoidização; (b) perlita (α + Fe_3C) do recozimento; (c) martensita e austenita retida da têmpera; e (d) aço revenido após a têmpera com matriz ferrítica (α, região escura) e cementita (Fe_3C).

A **temperabilidade** é uma propriedade tecnológica e refere-se à capacidade relativa de um aço endurecer pela transformação martensítica. Ela não se refere à máxima dureza que pode ser alcançada no aço, pois isso depende do teor de carbono na sua composição, mas determina a profundidade abaixo da superfície temperada na qual o aço está endurecido, ou a severidade do tratamento necessário para alcançar a dureza a uma dada

Têmpera é uma condição aplicada ao alumínio ou às ligas de alumínio, por meio de deformação plástica a frio ou de tratamento térmico, propiciando-lhe estrutura e propriedades mecânicas características. A expressão não tem qualquer ligação com a empregada nos produtos de aço (material tratado termicamente para alterar suas propriedades mecânicas).

profundidade. Os aços com boa temperabilidade podem ser endurecidos em maior profundidade e não requerem altas taxas de resfriamento.

Na Figura 5.9 está ilustrado o **ensaio Jominy**, que é o método mais comum de avaliar a temperabilidade de um aço, consistindo em aquecer uma amostra padrão, de diâmetro = 1 pol. = 25,4 mm e comprimento = 4 pol. = 102 mm, até obter a estrutura austenítica, e depois resfriar a face da extremidade com jato de água fria, com a amostra mantida na posição vertical. A temperabilidade é indicada pela dureza da amostra em função da distância a partir da extremidade resfriada, e o valor desta propriedade diminui conforme a posição é mais afastada da extremidade, em função da diminuição da taxa de resfriamento.

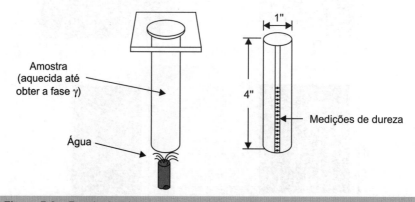

Figura 5.9 – Ensaio Jominy.

O **endurecimento por precipitação** é um tratamento térmico que consiste na formação de precipitados (partículas finas), que dificultam o movimento das discordâncias, aumentando a resistência mecânica e endurecendo o metal. Trata-se de um tratamento térmico muito importante para aumentar a resistência de ligas de alumínio, ligas de cobre e de outros metais não ferrosos. A liga que pode ser endurecida por precipitação é aquela que apresenta duas fases (alfa e beta, por exemplo) em temperatura ambiente, mas que pode ser aquecida até uma temperatura que dissolva a segunda fase (beta).

O tratamento de endurecimento por precipitação de uma liga metálica fundamenta-se em três etapas:

a) **solubilização**, na qual a liga é aquecida a uma temperatura *solidus* (T_s) na região monofásica alfa e mantida por um período de tempo suficiente para dissolver os átomos da fase beta, formando uma solução homogênea;

b) **resfriamento rápido** até a temperatura ambiente para criar uma solução sólida supersaturada; e

c) **tratamento de precipitação (ou envelhecimento)**, no qual a liga é aquecida a uma temperatura de precipitação (T_p), inferior à temperatura *solidus* usada na solubilização, propiciando a precipitação de partículas finas da fase beta.

Na Figura 5.10 é mostrada uma parte de um diagrama de fases de uma liga que consiste em metais A e B, que pode ser endurecida por precipitação, com exemplos de temperatura *solidus* (T_s) para a solubilização e temperatura de precipitação (T_p).

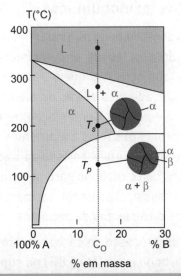

Figura 5.10 – Parte de um diagrama de fases de liga metálica que pode ser endurecida por precipitação.

O envelhecimento baseia-se na combinação de temperatura e tempo durante o tratamento de precipitação, o que é fundamental para obter as propriedades desejadas na liga. O envelhecimento pode ocorrer em algumas ligas à temperatura ambiente, chamando-se **envelhecimento natural**. Quando ele é realizado a uma temperatura elevada, trata-se do **envelhecimento artificial**. O **superenvelhecimento** refere-se ao prosseguimento do processo de envelhecimento que ocasiona redução nas propriedades de resistência mecânica e dureza, apresentando efeito semelhante ao do recozimento.

O endurecimento por precipitação também pode ser utilizado para aumentar a resistência de determinados aços. O processo **maraging** é uma abreviação de martensita e *aging* (envelhecimento, em inglês), e os aços que passam por esse processo são denominados aços maraging. Os aços inoxidáveis endurecidos por precipitação (PH – *precipitation hardening*) contêm alumínio, nióbio ou tântalo como elementos de liga, e consequentemente endurecem por solução sólida, por envelhecimento e por transformação martensítica. Esses aços são temperados e reaquecidos, o que permite a formação de precipitados, sendo, portanto, endurecidos.

5.2.2 Tratamentos termoquímicos

Na sequência, são apresentados os fundamentos sobre os principais tratamentos termoquímicos (ou de endurecimento superficial), cuja tecnologia é aplicada aos aços nos quais a composição da superfície do componente é modificada pela adição de elementos como carbono, nitrogênio ou outros elementos. Cementação, nitretação, carbonitretação, boretação e cromagem são os tratamentos termoquímicos discutidos neste capítulo. Esses processos são aplicados frequentemente a componentes de aços baixo carbono para obter uma camada externa dura e resistente ao desgaste, mantendo ao mesmo tempo um núcleo tenaz, com capacidade de absorção de impactos.

A **cementação** é um processo de carbonetação superficial, consistindo na difusão de carbono extra (até 0,8%) na superfície do aço com o objetivo de aumentar sua dureza. O componente é aquecido acima da zona crítica, com temperaturas típicas entre 875 °C e 925 °C, e colocado em uma atmosfera carbonetante (rica em carbono). A austenita no aço possui elevada solubilidade para o carbono introduzido na atmosfera do processo. O meio rico em carbono pode ser sólido, líquido ou gasoso; ressaltando que existe o processo de cementação por plasma.

A **cementação em caixa** (ou **cementação em pacote**) é um processo que utiliza materiais sólidos, como carvão ou coque, que são colocados em um recipiente fechado com as peças, produzindo uma camada carbonetada relativamente profunda na superfície da peça, variando aproximadamente de 0,6 mm a 4 mm. A **cementação gasosa** utiliza gases, como o hidrocarboneto propano (C_3H_8), dentro de um forno selado para difundir o carbono na peça, e a profundidade da camada nesse tratamento é de 0,13 mm a 0,75 mm. A **cementação líquida** utiliza um banho de sais fundidos que contêm o cianeto de sódio (NaCN), cloreto de bário ($BaCl_2$) e outros compostos para difundir o carbono no aço, produzindo camada superficial de profundidade geralmente entre as dos outros dois métodos de cementação. Há também a **cementação por plasma**, em que a taxa de cementação é aumentada pela criação do plasma em um ambiente de gás inerte de cerca de 1.050 °C.

A **nitretação** consiste na difusão de nitrogênio na superfície do componente de aço com o objetivo de aumentar sua resistência mecânica e dureza. É empregada em aços-liga especiais, produzindo uma camada dura e fina, sem necessidade de têmpera. É interessante que o aço contenha determinados elementos de liga, como alumínio (0,85-1,5%) ou cromo (5% ou mais), pois tais elementos formam nitretos que se precipitam como partículas muito finas na camada superficial e endurecida do aço. O alumínio é o principal elemento de liga nos aços para nitretação. A **nitretação gasosa** consiste no aquecimento de componentes de aço em uma atmosfera de amônia (NH_3) ou outra mistura gasosa rica em nitrogênio. A **nitretação líquida** baseia-se na imersão dos componentes em banho de sal de cianeto fundido. Os dois processos são executados a 500 °C, aproximadamente, sendo uma vantagem o fato de serem realizados em temperatura inferior à da zona crítica dos aços. A profundidade da camada varia de 0,025 mm até 0,5 mm, aproximadamente, com durezas de até 70 HRC. A desvantagem é que o tratamento pode demorar entre 50 e 70 horas para obter pequenas profundidades de penetração do nitrogênio no material.

A **carbonitretação** consiste na difusão de carbono e nitrogênio na superfície do componente de aço, normalmente em um forno a altas temperaturas (de até 900 °C) com exposição a carbono e amônia. A profundidade da camada obtida vai de 0,07 mm a 0,5 mm, com dureza comparável à da nitretação, podendo ser superior à da cementação.

Outros tratamentos termoquímicos são a boretação e a cromagem, que produzem profundidades de camadas superficiais pequenas, comumente de 0,025 mm a 0,05 mm. A **boretação** baseia-se na difusão do boro no material metálico, podendo ser realizada em aços-carbono,

Tratamentos de Engenharia

aços ferramenta, ferros fundidos, ligas à base de níquel e cobalto. Ela utiliza pós, sais ou atmosferas gasosas contendo boro. O processo resulta em uma camada superficial com elevada resistência à abrasão e baixo coeficiente de atrito. A dureza da camada superficial atinge 70 HRC. Quando aplicada em aços baixo carbono e baixa liga, a boretação incrementa também a resistência à corrosão do material. A **cromagem** é um tratamento de endurecimento superficial baseado na difusão de cromo que geralmente é aplicado aos aços com baixo teor de carbono. Sua realização necessita de elevadas temperaturas e um tempo maior do que os tratamentos termoquímicos citados anteriormente. Como vantagens, além de produzir uma camada superficial dura e resistente ao desgaste, a cromagem propicia resistência à corrosão e ao calor. O empacotamento de peças de aço em pós ricos em cromo, a imersão em banho de sal fundido contendo cromo e sais de cromo, e a deposição química de vapor (CVD – *chemical vapor deposition*) compreendem técnicas empregadas nesse tratamento de endurecimento superficial.

ATENÇÃO!

Em relação à profundidade da camada endurecida por tratamento termoquímico, ela deverá ser considerada nas operações posteriores como retificação, por exemplo.

5.2.3 Têmpera superficial

A **têmpera superficial** compreende técnicas empregadas para proporcionar o endurecimento superficial seletivo em componentes de ligas ferrosas, cujo teor de carbono seja suficiente para que ocorra o tratamento. Essas técnicas baseiam-se no aquecimento apenas da superfície do componente ou de determinadas regiões da superfície do componente, até atingir a temperatura de transformação austenítica para depois serem temperadas (resfriamento rápido), ocorrendo a transformação martensítica. Não há alterações na composição química, diferenciando-se dos tratamentos termoquímicos.

Limita-se a ligas ferrosas, como aços médio carbono e ferros fundidos, em função do pré-requisito do teor de carbono para o tratamento. Importantes processos de têmpera superficial incluem têmpera por chama, têmpera por indução, têmpera por feixe de elétrons e têmpera a laser.

Na **têmpera por chama** (ou **têmpera por chama direta**), o aquecimento da superfície do componente é feito por um ou mais bicos de chama de maçaricos, seguido por resfriamento rápido, normalmente por água pulverizada sobre a superfície aquecida. Os combustíveis utilizados na chama incluem acetileno (C_2H_2), propano (C_3H_8) e outros gases. Esse processo pode ser preparado para incluir controle de temperatura, equipamentos para posicionamento da peça em relação à chama, e dispositivos de indexação com um tempo de ciclo preciso, proporcionando maior controle sobre o tratamento térmico. Permite alta produção e serve também para componentes grandes que ultrapassam a capacidade dos fornos.

A **têmpera por indução** envolve a aplicação de energia induzida eletromagneticamente, fornecida por uma bobina de cobre pré-formada para um componente que tenha condutividade elétrica. O aquecimento por indução é muito utilizado industrialmente em processos como soldagem e tratamentos térmicos. A bobina de aquecimento por indução carrega uma corrente alternada de alta frequência que induz uma corrente no componente envolvido por ela para que ocorra o aquecimento. A têmpera (resfriamento severo) vem depois do aquecimento por meio de água, óleo ou ar usando um anel de têmpera integrado ao conjunto da bobina. Geralmente, o aquecimento tanto na têmpera por indução como na têmpera por chama pode atingir temperaturas de até 850 °C, porém, na têmpera por indução, cria-se uma camada de dureza menos profunda do que na têmpera por chama. Os tempos de ciclo da têmpera por indução são curtos (de segundos a vários minutos), o que torna o processo viável para a alta produção e volumes intermediários de produção.

A **têmpera por feixe de elétrons** (*EB – electron beam*) utiliza um feixe de elétrons focalizado para aquecer uma pequena região da superfície do componente. As temperaturas de austenitização são rapidamente alcançadas em tempos que podem ser inferiores a um segundo. Após a remoção do feixe de elétrons, a região aquecida é imediatamente resfriada pela transferência de calor com o metal frio circundante. Uma desvantagem desse tratamento de endurecimento superficial seletivo é que os melhores resultados são alcançados sob um vácuo, sendo necessária uma câmara de vácuo especial, que requer tempo para obter o vácuo, o que encarece o processo e reduz a capacidade de produção.

A **têmpera a laser** (*LB – laser beam*) utiliza laser de alta potência focalizado em uma pequena região do componente a ser tratado. O feixe de laser frequentemente é movido ao longo de um percurso definido na superfície do componente, causando a transformação austenítica desta parte do componente. Quando o feixe é deslocado desta região, ela é imediatamente resfriada pela condução térmica para o metal circundante, mesmo princípio de resfriamento da têmpera por feixe de elétrons. Apesar dos processos LB e EB apresentarem o termo têmpera em suas respectivas denominações, eles dispensam a etapa de têmpera que ocorre com resfriamento em água ou óleo, por exemplo. LB e EB não produzem distorções no componente e são indicados para peças pequenas. A vantagem da têmpera por feixe de laser em relação à têmpera por feixe de elétrons é que os feixes de laser não necessitam de um vácuo para a obtenção dos melhores resultados. Os níveis de densidade energética no aquecimento nesses dois tipos de têmpera superficial (LB e EB) são mais baixos do que nos processos de corte ou soldagem a laser e por feixe de elétrons.

5.2.4 Observações sobre tratamentos térmicos em materiais metálicos

Industrialmente utilizam-se teores de 0,1 a 0,95%C para os aços carbono, ou seja, trata-se do aço 1010 ao aço 1095. Para fins de aplicações industriais (como os tratamentos térmicos, por exemplo), os aços ao carbono classificam-se em: aços baixo carbono (1010 ao 1035), aços médio carbono (1040 ao 1065) e aços alto carbono (1070 ao 1095).

Os **aços baixo carbono** são aplicados em peças que necessitem de resistência mecânica no estado de fabricação. São considerados na prática como não temperáveis, pois na têmpera apresentam aumento pouco acentuado de dureza, e são chamados de **aços doces**. Exemplos de aplicações: rebites, parafusos, porcas, dobradiças, pregos, tubos com costura (eletrodutos), chapas e perfis para estruturas metálicas. O aço 1020 é o preferido para o tratamento termoquímico de cementação (processo de carbonetação superficial). Os **aços médio carbono** são aplicáveis em peças com certa solicitação mecânica e, portanto, são suscetíveis a tratamentos térmicos para incremento de propriedades mecânicas como dureza, por exemplo. São temperáveis em água ou soluções aquosas. Exemplos de aplicação: martelos, talhadeiras, punções etc. Os **aços alto carbono** são indicados para peças com exigência de resistência ao deslizamento ou ao contato, como: chaves de fenda, cossinetes, alicates etc. São temperáveis em óleo ou em banho de sais.

Os aços ferramenta compreendem um grupo de aços especiais cuja aplicação está na produção de ferramentas, como ferramentas de corte, matrizes para trabalho a frio ou a quente e moldes para produtos plásticos. Entre eles estão os **aços temperáveis em água**, W (do inglês *water*), que contêm carbono como principal elemento de liga (0,70% a 1,5%) e apresentam baixa resistência ao amolecimento em altas temperaturas. O cromo presente na sua composição aumenta a temperabilidade e a resistência ao desgaste, e o vanádio garante a manutenção de uma granulação fina que favorece a tenacidade. **Aços para trabalho a frio** são aços ferramenta utilizados para trabalhos que não envolvam recristalização do material a ser conformado. As letras correspondentes a cada classe têm os seguintes significados: classe A para aços temperados ao ar (do inglês *air*), classe D para aços de alto carbono e alto cromo e grupo O para aços temperados em óleo (do inglês *oil*).

Os **aços inoxidáveis martensíticos** apresentam teores de carbono inferiores a 0,1 %, teores de cromo entre 12% e 18% e teores de níquel entre 2% e 4%. Em altas temperaturas apresentam microestrutura austenítica, porém no resfriamento rápido subsequente (têmpera) a austenita presente transforma-se em martensita, conferindo dureza alta. São muito utilizados na fabricação de artigos de cutelaria (facas e tesouras). Exemplos: AISI-SAE 420 e 410.

Em relação aos elementos de liga dos aços, o boro, mesmo em teores mínimos, aumenta notavelmente a endurecibilidade (ou temperabilidade) dos aços. Existindo uma classe de aços especiais para têmpera denominados aços ao boro, com teor controlado deste elemento. Em contrapartida, o cobalto diminui a temperabilidade dos aços, facilitando a formação de outras fases em vez da martensita. Normalmente, o cobalto aumenta as taxas de nucleação e o crescimento de perlita nos aços.

O **ferro fundido maleável** é fruto do tratamento térmico do ferro fundido branco para remover o carbono da solução e formar grafita. Essa nova microestrutura pode possuir ductilidade substancial quando comparada à do ferro fundido branco. Exemplos de aplicações: conexões de tubos e flanges, certos componentes de máquinas e peças de equipamentos de estradas de ferro.

Tratamentos de Engenharia

O **alumínio** apresenta melhoria de propriedades, principalmente de comportamento mecânico, por meio da formação de ligas com elementos como cobre, silício, manganês e zinco. As ligas de alumínio podem ser divididas em duas classes: submetidas a trabalho mecânico (forjamento, por exemplo); e para fundição (produção de peças fundidas). As ligas de alumínio para trabalho mecânico são divididas em ligas tratáveis termicamente, proporcionando-lhes maior resistência mecânica (endurecimento por tratamento térmico, 2xxx: Al-Cu e 7xxx: Al-Zn, por exemplo), e as ligas não tratáveis termicamente, cuja resistência mecânica só pode ser aumentada por meio do trabalho a frio (encruamento, 3xxx: Al-Mn, por exemplo).

EXEMPLO

A especificação de ligas não ferrosas como as de alumínio, por exemplo, também fornece informações sobre possíveis tratamentos térmicos aplicados ao material. Conforme a Aluminum Association, a liga de alumínio especificada como 2024-T3 apresenta a seguinte composição química (% em massa): 92,5%Al, 4,4% Cu, 0,6%Mn, 0,5%Si, 1,5%Mg e 0,5%Fe.

A designação **2024-T3** define uma liga de alumínio do grupo 2xxx, que tem o cobre como principal elemento de liga, e que é uma liga submetida a trabalho mecânico. Os dígitos que correspondem ao número 24 indicam a liga dentro do grupo 2xxx. O T3 indica que é tratada termicamente por solubilização e posteriormente deformada plasticamente por trabalho a frio. O tratamento térmico de **solubilização**, ocorre quando há aquecimento do material e os átomos são dissolvidos, formando uma solução homogênea.

O **magnésio** é o mais leve dos metais estruturais. Em especial, sua razão resistência-peso é uma vantagem em componentes de mísseis e de aeronaves. O magnésio e suas ligas estão disponíveis tanto na forma submetida a trabalho mecânico quanto na condição de fundido. Com o emprego de elementos de liga e tratamentos térmicos como o endurecimento por precipitação, as ligas de magnésio atingem resistência mecânica comparável à das ligas de alumínio.

Nas ligas de titânio, os materiais alfa + beta são ligados com elementos estabilizadores para ambas as fases constituintes. A resistência mecânica dessas ligas pode ser melhorada e controlada por tratamento térmico. Diversas microestruturas são possíveis, as quais consistem em uma fase α assim como uma fase β retida ou transformada. Em geral, esses materiais são bastante conformáveis.

ATENÇÃO!

A maior parte das operações de tratamento térmico é realizada em fornos, que podem ser utilizados para outros processos como o derretimento de metais para fundição; aquecimento antes do trabalho a quente; processos de união de materiais como soldagem e união adesiva; e processamento de semicondutores.

5.2.5 Tratamentos térmicos realizados na metalurgia do pó e em materiais cerâmicos e compósitos

A **sinterização** de pós metálicos e de materiais cerâmicos também é considerada um processo de tratamento térmico, que endurece a peça formada de partículas compactadas, e este processo é com frequência chamado de **queima** nos materiais cerâmicos.

Após a compactação, o compactado verde fratura facilmente em condições de baixas tensões, necessitando, portanto, de incremento de resistência mecânica e dureza. A **sinterização** é uma operação de tratamento térmico realizada no compactado verde para o densificar, unindo suas partículas, o que aumenta a resistência e a dureza do material. Trata-se de um tratamento de engenharia realizado abaixo da temperatura de fusão do material, com temperaturas entre 0,7 e 0,9 deste valor. A sinterização convencional, às vezes, é referenciada por termos como **sinterização no estado sólido** ou **sinterização de fase sólida**, pois o material permanece não fundido a essas temperaturas de tratamento.

Independentemente dessa tecnologia de tratamento ser empregada em materiais metálicos, materiais compósitos como os carbetos duros sinterizados (metais duros e cermets), ou cerâmicas tradicionais ou avançadas, as funções da sinterização são idênticas, as quais são: unir os grãos individuais em uma massa sólida, aumentar a massa específica e diminuir ou eliminar a porosidade.

As cerâmicas avançadas podem apresentar uma peculiaridade que requer destaque. Geralmente, a plasticidade necessária para conformar esse grupo de materiais cerâmicos não é baseada na mistura com água, o que pode dispensar a etapa de secagem no processamento da maioria desses materiais. Entretanto, a etapa de sinterização é imprescindível para obter a máxima resistência mecânica e dureza.

Tecnologicamente, a realização de tratamentos térmicos como o recozimento e a têmpera no vidro causa transformações com grande importância comercial. No geral, os produtos de vidro após a conformação, apresentam tensões internas indesejáveis, as quais reduzem sua resistência mecânica. De forma similar aos metais, a realização de um tratamento de recozimento é necessária para aliviar essas tensões. O **recozimento** de vidros consiste no aquecimento do componente a uma temperatura elevada, em torno de 500 °C, que é o ponto de recozimento, e sua manutenção nessa temperatura por determinado intervalo de tempo para eliminar tensões e gradientes de temperatura; logo na sequência, ocorre um resfriamento lento para evitar a geração de tensões, que é seguido por um resfriamento mais rápido até a temperatura ambiente. A espessura do produto de vidro influencia o intervalo de tempo de manutenção em temperatura elevada, assim como as taxas de aquecimento e de resfriamento durante o ciclo do tratamento. Adota-se como regra geral que o tempo de recozimento necessário varia com o quadrado da espessura.

A **têmpera** em produtos de vidro é um tratamento térmico que objetiva uma distribuição benéfica de tensões internas no material, gerando o que é chamado de **vidro temperado**. Esse tratamento de engenharia consiste no aquecimento do vidro até uma temperatura pouco superior a temperatura de recozimento e na região plástica do material, seguido pelo resfriamento rápido das superfícies do componente. É comum o uso de jatos de ar no resfriamento severo ou um banho de óleo, em alguns casos. Em função do resfriamento, as superfícies do produto de vidro se contraem e endurecem, enquanto o interior se mantém plástico e deformável. O resfriamento do interior do vidro é lento, o que faz com que esse interior se contraia e comprima as superfícies rígidas do vidro, tornando-o mais resistente a riscos e fratura. O resfriamento do vidro é ilustrado na Figura 5.11, com ênfase à diferença de tensões induzidas no material pelo tratamento, ocorrendo compressão nas superfícies do vidro e tração no seu interior.

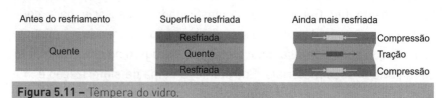

Figura 5.11 – Têmpera do vidro.

O vidro temperado é utilizado em produtos que requerem tenacidade como janelas para edifícios altos, portas de vidro, óculos de segurança e outros. Ao se romper, o vidro temperado se estilhaça em inúmeros fragmentos pequenos, que têm menor probabilidade de cortar alguém do que um vidro de janela convencional, que é recozido.

As vitrocerâmicas são produzidas por um tratamento térmico especial que transforma a maior parte do estado vítreo em uma cerâmica policristalina. Trata-se de um tratamento térmico no vidro que causa transformações mais significativas do que o recozimento e a têmpera. A proporção da fase cristalina no produto final varia entre 90% e 98%, sendo o restante a fase vítrea que não foi transformada. A microestrutura cristalina das vitrocerâmicas é refinada, o que as tornam muito resistentes mecanicamente. A estrutura cristalina das vitrocerâmicas faz com que estes materiais sejam opacos (de cor cinza ou branca, frequentemente) em vez de transparentes.

Os vidros são produzidos por operações de aquecimento e moldagem usadas para obter o produto com a geometria desejada; depois, o produto é resfriado. O tratamento especial utilizado para obter as vitrocerâmicas consiste no reaquecimento do vidro até uma temperatura suficiente para que uma rede densa de núcleos cristalinos se forme em todo o material. Pequenas quantidades de agentes nucleantes como TiO_2, P_2O_5 e ZrO_2 são utilizadas para produzir a alta densidade de sítios de nucleação, inibindo o crescimento de grãos dos cristais individuais. O resultado é uma microestrutura de grãos finos nas vitrocerâmicas. Uma vez que a nucleação começa, o tratamento térmico continua em uma temperatura ainda mais alta para causar o crescimento das fases cristalinas.

Como vantagens as vitrocerâmicas apresentam resistência mecânica superior ao vidro, ausência de porosidade, baixo coeficiente de expansão térmica e alta resistência ao choque térmico. As vitrocerâmicas são utilizadas na produção de panelas, trocadores de calor e radomes de mísseis. Dependendo das formulações utilizadas na obtenção das vitrocerâmicas, elas também possuem alta resistência elétrica, possibilitando aplicações elétricas e eletrônicas.

5.3 Processos de tecnologia de superfície

As tecnologias empregadas na indústria com o intuito de aprimorar as superfícies dos produtos tornam-se cada vez mais importantes no processo de agregação de valor aos bens produzidos. O processamento de superfícies é discutido na sequência deste capítulo, considerando-se desde técnicas de limpeza industrial, necessárias para preparar e tratar as superfícies de materiais de trabalho, até tecnologias de revestimento, que possibilitam aprimoramentos, como melhorias no aspecto e nas propriedades da superfície do produto.

Os processos de revestimento e deposição de filmes finos são tecnologias de revestimento que se baseiam na criação de uma camada na superfície do material. Os produtos metálicos quase sempre são revestidos por pintura ou outro processo como a galvanoplastia, por exemplo.

5.3.1 Limpeza industrial e tratamento de superfície

A maior parte dos componentes requer preparação por meio de limpeza durante sua sequência de fabricação. A **limpeza industrial** compreende os processos que utilizam técnicas de limpeza química e mecânica para a remoção de manchas e contaminantes resultantes de processamento anterior ou do próprio ambiente industrial.

As técnicas de limpeza química empregam produtos químicos para remover óleos e manchas indesejadas da superfície do componente. A limpeza mecânica envolve a remoção de substâncias de uma superfície por meio de operações mecânicas de vários tipos, podendo ser uma simples escovação até um jateamento por abrasivos. Essas operações de limpeza mecânica acabam atendendo a outros propósitos, como remoção de rebarbas, redução de rugosidade, adição de brilho e melhoria das propriedades superficiais.

As principais técnicas de **limpeza química** são:

a) **limpeza alcalina**, que utiliza álcalis para remover óleos, graxas, ceras e diversos tipos de partículas (cavacos, carbono, sílica e ferrugem leve) de uma superfície metálica;

b) **limpeza por emulsão**, que emprega emulsificantes adequados (sabões), que resultam na dissolução ou emulsificação da sujeira da superfície do componente;

c) **limpeza com solventes**, em que substâncias químicas dissolvem as sujeiras;

d) **limpeza ácida**, em que soluções ácidas combinadas com solventes miscíveis em água removem óleos e óxidos de fácil remoção das superfícies metálicas por meio de imersão, aspersão ou abrasão manual;

e) **limpeza por ultrassom**, que combina limpeza química e agitação mecânica do fluido de limpeza para remover contaminantes superficiais.

A **limpeza mecânica** compreende a remoção de sujeiras, carepas ou filmes da superfície do componente normalmente por abrasão ou por outra ação mecânica. Jateamento abrasivo, *shot peening* e tamboreamento são alguns processos empregados na limpeza mecânica, que também servem para tratar a superfície do material com melhoria de propriedades na região em que atuam.

O **jateamento abrasivo** utiliza o impacto de partículas de substâncias abrasivas em alta velocidade para limpar e preparar a superfície do componente. Várias substâncias são usadas no jateamento, incluindo partículas de SiO_2 no jateamento com areia, de alumina (Al_2O_3) e carbeto de silício (SiC), grânulos de náilon e cascas de nozes trituradas. As partículas abrasivas são projetadas contra a superfície do componente por meio de ar pressurizado ou força centrífuga. Em algumas aplicações, o processo é realizado a úmido, com as partículas finas contidas em uma lama aquosa projetadas contra a superfície por pressão hidráulica.

O jateamento por ***shot peening*** utiliza um jato a alta velocidade de pequenas partículas de aço fundido direcionado para a superfície metálica. Esse processo induz tensões compressivas na superfície pelo impacto do disparo, conformando plasticamente a frio as camadas superficiais do material. O *shot peening* limpa a superfície do componente, mas é utilizado principalmente para melhorar a resistência à fadiga de componentes metálicos, uma vez que a camada comprimida é suficientemente profunda para evitar trincas.

O **tamboreamento** é um processo de acabamento em massa, que utiliza um tambor horizontal, com seção transversal hexagonal ou octogonal, no qual as peças são misturadas pela rotação do tambor em

Tratamentos de Engenharia

velocidades de 10 rpm a 50 rpm. O acabamento é feito pela ação de deslizamento do meio abrasivo e dos componentes conforme o tambor gira. Trata-se de um processo relativamente lento, podendo ser necessárias muitas horas para a conclusão do processo. Os altos níveis de ruído e a necessidade de grandes espaços para os equipamentos também são desvantagens do acabamento por tamboreamento.

5.3.2 Implantação iônica

O processo de **implantação iônica** é um tratamento de superfície que envolve a inserção de átomos de impurezas em uma superfície de um componente (substrato) utilizando um feixe de partículas ionizadas de alta energia. Os íons penetram na superfície do componente e interagem com seus átomos, alterando as propriedades de uma fina camada sem modificar o restante do componente.

A implantação iônica é uma alternativa aos processos que utilizam a difusão de átomos de impurezas na superfície do substrato, em situações em que altas temperaturas necessárias para a difusão são inviáveis, uma vez que o processo de implantação iônica opera com uma faixa de temperaturas relativamente baixas (200 °C a 400 °C). A cementação de aços e a dopagem de semicondutores são exemplos de processos baseados na difusão de materiais.

A maioria dos metais como aços ferramenta, aços inoxidáveis e ligas de alumínio, materiais poliméricos e cerâmicos pode ser processada por implantação iônica. O nitrogênio é uma opção de íons de impureza para a implantação iônica de aços, produzindo nitretos duros e finos. O boro pode ser utilizado na dopagem de pastilhas de silício por implantação iônica em vez de difusão.

Em termos de sustentabilidade, a implantação iônica é mais vantajosa do que muitos processos de revestimento que produzem resíduos e descontinuidades entre o revestimento e o substrato, como a eletrodeposição, por exemplo.

5.3.3 Eletrodeposição (galvanoplastia)

Eletrodeposição, também conhecida como **galvanoplastia**, é um processo eletrolítico em que um componente (o cátodo) é imerso em um eletrólito ionizado, juntamente com o material de revestimento (o ânodo). A corrente direta de uma fonte de alimentação externa passa entre o ânodo e o cátodo. O eletrólito é uma solução aquosa composta de ácidos, bases ou sais; ele conduz corrente elétrica pelo movimento dos íons metálicos em solução. A temperatura de operação da galvanoplastia varia de 20 °C a 60 °C. Melhores resultados de processo são obtidos com componentes quimicamente limpos um pouco antes do processo.

Os materiais utilizados como materiais de revestimento são: zinco, alumínio, níquel, estanho, cobre, latão, bronze, cádmio, índio, chumbo, ligas de estanho-chumbo e cromo. No caso de joias, utilizam-se metais preciosos (ouro, prata, platina) como materiais a serem depositados. O ouro também é utilizado em conectores elétricos. O componente a ser revestido é o substrato do processo de eletrodeposição e pode ser feito de materiais metálicos como aços-carbono, aços inoxidáveis, aços de baixa liga e ligas de alumínio e de cobre; alguns polímeros termoplásticos; e vidro com pré-revestimento eletricamente condutor.

O **cobre** possui aplicações importantes como metal de revestimento. É amplamente utilizado como um revestimento decorativo sobre aço e zinco, isoladamente ou formando liga com zinco, como chapa de latão. Também tem aplicações importantes na eletrodeposição de placas de circuito impresso. Finalmente, o cobre é depositado, com frequência, no aço como uma base por baixo do revestimento de níquel e/ou cromo. Na Figura 5.12 é mostrado um esquema com o princípio de eletrodeposição com o cobre sendo o material de revestimento (ânodo), em que se nota a redução de íons de cobre e adesão do cobre à superfície do metal a ser revestido.

No *revestimento de zinco no aço*, o zinco serve como uma barreira de sacrifício para proteger o aço da corrosão. Esse processo é aplicado em produtos como fivelas, produtos na forma de fios, quadros de conexão elétrica e várias peças feitas de chapas de aço. A *niquelação* trata-se do revestimento de níquel sobre aços, bronzes, fundidos de zinco e outros metais, sendo utilizada para proteção contra a corrosão e para fins decorativos. As aplicações incluem acessórios automotivos e outros bens de consumo. O níquel também é usado como uma base para camadas muito finas de cromo. O *revestimento de estanho* é muito utilizado para proteção contra corrosão em recipientes de alimentos, e é utilizado para melhorar o processo de soldagem de componentes elétricos. O *revestimento de cromo* (também conhecido como *cromatização*) é valorizado

Tratamentos de Engenharia 237

por sua aparência decorativa e é muito utilizado em produtos automotivos, móveis de escritórios e produtos de cozinha. Ele também produz um dos revestimentos mais duros entre todos os revestimentos eletrodepositados; portanto, é amplamente empregado em peças que exigem resistência ao desgaste (por exemplo, pistões e cilindros hidráulicos, anéis de pistão e componentes de motores de aeronaves).

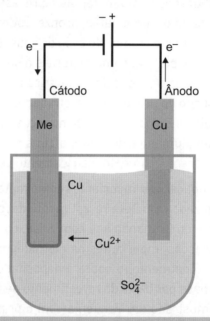

Figura 5.12 – Galvanoplastia: cobre como material de revestimento.

A **eletrodeposição em escova** é uma variação desse processo, em que o componente a ser revestido é o cátodo, e uma escova embebida na solução de revestimento é o ânodo. Sua limitação é que não é possível produzir um revestimento espesso.

5.3.4 Revestimento por imersão a quente

Revestimento por imersão a quente é o processo em que o substrato é imerso em um banho com outro metal fundido (líquido), que possui temperatura de fusão mais baixa que a do material do substrato. Após a retirada do substrato do banho, este fica revestido com o outro metal. Os substratos mais comuns são o aço-carbono e o ferro fundido, e os metais de revestimento típicos são zinco, estanho e alumínio. O processo de imersão a quente forma camadas de transição de ligas de composições variadas. Na face exterior, há uma solução sólida com predominância do material metálico de revestimento e, próximo ao substrato ocorre a formação de compostos intermetálicos dos dois metais (de revestimento e substrato). As camadas de transição aprimoram a adesão do revestimento.

A principal finalidade da imersão a quente é a proteção contra a corrosão, impedindo a interação do metal revestido com o ar e com a umidade. Normalmente, os mecanismos que atuam para promover essa proteção são: a proteção por efeito barreira, na qual o revestimento serve simplesmente como isolamento para o substrato; e a proteção de sacrifício, na qual o revestimento corrói por meio de um processo eletroquímico lento, preservando o substrato.

Os processos de revestimento por imersão a quente possuem denominações em função do metal de revestimento. A **galvanização** *por imersão a quente* ocorre quando o zinco reveste o aço ou ferro fundido; **aluminização**, quando o alumínio é o material de revestimento; **estanhagem**, quando o estanho reveste o substrato. A galvanização por imersão a quente é o mais importante desses processos, sendo aplicada às peças acabadas de aço e ferro fundido em processo de batelada, e em processo contínuo automatizado para chapas, fitas, canos, tubos e fios. Geralmente, a espessura do revestimento é de 0,04 mm a 0,09 mm, e é controlada principalmente pelo tempo de imersão. A temperatura utilizada no banho é de 450 °C, aproximadamente.

ATENÇÃO!

Deve-se evitar confundir galvanoplastia com galvanização por imersão a quente. Galvanoplastia refere-se a processos de eletrodeposição, baseados na deposição de metais de revestimentos como zinco, cobre, níquel, cromo ou outros metais sobre um substrato por eletrólise. A galvanização por imersão a quente é um processo que possibilita o revestimento em componentes de aço ou ferro fundido por meio de um banho em **zinco** fundido (líquido), sendo um processo alternativo a galvanoplastia. Ressaltando que a galvanização utiliza apenas zinco no revestimento.

Galvanoplastia é o mesmo que eletrodeposição. **Eletroformação** é outro processo eletrolítico, similar à eletrodeposição, mas com finalidade diferente. Neste processo, o metal é depositado eletroliticamente sobre um molde permanente ou não até atingir a espessura desejada, que é muito maior do que a espessura obtida na eletrodeposição; e na sequência, o molde é removido deixando o componente formado. Trata-se de um processo mais demorado que a eletrodeposição.

5.3.5 Anodização

A **anodização** é um tratamento eletrolítico que produz uma camada de óxido estável sobre a superfície do componente metálico. No caso da anodização do alumínio, que é a mais comum, o componente de alumínio é o ânodo e é pré-preparado com tratamentos; ele é imerso com chumbo (cátodo) em um eletrólito (ácido sulfúrico diluído), onde uma corrente contínua passa entre eles e decompõe o oxigênio na água, combinando este oxigênio com o alumínio e formando o óxido de alumínio na superfície do componente.

Esse processo aumenta a camada de óxido natural que existe no alumínio, mas é aplicado de forma semelhante no magnésio, zinco, titânio e outros metais menos comuns.

A anodização é um processo eletrolítico como a galvanoplastia, porém há diferenças consideráveis entre os dois processos. Na anodização, o componente onde a camada de óxido será formada é o ânodo, enquanto na eletrodeposição, o componente a ser revestido é o cátodo na reação. Na anodização, o óxido superficial é formado pela reação eletroquímica do substrato. Na eletrodeposição, o revestimento é obtido pela redução de íons e adesão de um segundo metal à superfície do metal a ser revestido.

Geralmente, as camadas anodizadas variam entre espessuras de 0,025 mm a 0,075 mm, proporcionando resistência à corrosão e fins decorativos. A anodização possibilita que a cor seja introduzida na superfície do componente por meio de pigmentos. A **anodização dura** forma revestimentos muito espessos no alumínio, de até 0,25 mm, e com elevada resistência ao desgaste e à corrosão.

5.3.6 Processos de deposição de vapor

O processo de deposição de vapor forma um revestimento fino no substrato por meio de condensação ou reação química de um gás sobre a superfície do substrato. No caso da condensação do gás, trata-se da deposição física de vapor (PVD) e, no caso da reação química de um gás, da deposição química de vapor (CVD). São os dois processos discutidos a seguir.

A **deposição física de vapor** (PVD – *physical vapor deposition*) é uma tecnologia de revestimento que se baseia na transformação do material de revestimento para a fase vapor, em uma câmara de vácuo, e na condensação deste material sobre a superfície do substrato formando uma camada muito fina. Trata-se de forma estrita de um processo físico. Os materiais de revestimento podem ser metais e ligas, cerâmicas e outros compostos inorgânicos, e determinados polímeros. Os possíveis materiais a serem revestidos (substratos) são metais, cerâmicas, vidros e plásticos. É um processo de deposição de material versátil, aplicável a uma combinação quase ilimitada de materiais de revestimento e de substrato.

A tecnologia PVD é muito utilizada no revestimento (ou recobrimento) de ferramentas de corte e moldes para injeção de plásticos com nitreto de titânio (TiN), objetivando aumento de resistência ao desgaste desses produtos. Outros exemplos de aplicação de PVD são a produção de revestimentos antirreflexos de fluoreto de magnésio (MgF_2) em lentes ópticas, manufatura de equipamentos eletrônicos e outros.

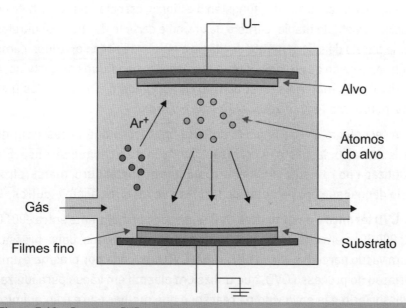

Figura 5.13 – Processo PVD: *sputtering*.

O **bombardeamento (*sputtering*)**, uma das variações do processo PVD, utiliza a descarga de plasma de íons de argônio que bombardeia o material de revestimento catódico (alvo), expulsando-o em parte na forma de vapor e depois esta parte é depositada na superfície do substrato, onde se condensa e forma um revestimento. No caso da deposição de carbetos e nitretos, o bombardeamento pode ser realizado em um gás reativo, conforme mostrado na Figura 5.13. Outra variação é **PVD com aquecimento resistivo**, em que o material de revestimento é aquecido a uma elevada pressão de vapor por meio de aquecimento elétrico resistivo em baixo vácuo, sendo indicado para metais que apresentem baixa temperatura de fusão.

A **deposição química de vapor** (CVD – *chemical vapor deposition*) consiste na colocação do componente a ser revestido (substrato) em uma câmara de reação, em que é aquecido a uma temperatura elevada. Essa tecnologia de deposição de vapor por processo químico envolve a interação entre a mistura de gases e a superfície do substrato aquecido, causando a decomposição química de alguns constituintes dos gases e a formação de um filme sólido no substrato.

O processo CVD inclui uma ampla faixa de pressão e temperatura, o que possibilita uma grande variedade de revestimentos e materiais do substrato. Os materiais de revestimento compreendem metais como alumínio, cobre, cobalto, irídio, tungstênio e titânio; carbetos como carbeto de silício, carbeto de titânio, carbeto de cromo e carbeto de zircônio; nitretos como nitreto de silício, nitreto de titânio e nitreto de zircônio; óxidos como alumina e óxido de zircônio; fibras de carbono; nanotubos de carbono; e diamante. Os materiais do substrato compreendem a maioria dos metais, polímeros termofixos, cerâmicas e vidros.

A tecnologia CVD é importante para aplicações que necessitem de resistência ao desgaste, à corrosão, à erosão e ao choque térmico. Ela é utilizada no revestimento de ferramentas de metal duro, metal refratário depositado em palhetas de turbinas de motores a jato e outros.

CVD térmico é um processo CVD realizado normalmente entre 800 °C e 2.000 °C, e em diferentes pressões como a atmosférica, baixa pressão (com vácuo parcial) e vácuo ultra-alto. **CVD auxiliada por plasma** é uma variação do processo CVD, que utiliza um plasma em vácuo para ionizar e dissociar o gás envolvido na reação, o que melhora a reação química e fornece calor. Outra variação é **CVD auxiliada por laser**, em que um feixe de laser focalizado gera fonte de calor localizada sobre o componente a ser revestido.

É importante destacar que processos de tecnologia de superfície como a deposição química de vapor e a deposição física de vapor têm sido adaptados e aprimorados para serem aplicados na manufatura de materiais semicondutores para circuitos integrados em microeletrônica. Esses processos são aplicados em áreas bem específicas sobre a superfície de uma fina pastilha (*wafer*) de silício (ou outro material semicondutor) para criar o circuito microscópico.

5.3.7 Revestimentos orgânicos

Os **revestimentos orgânicos** são polímeros e resinas fabricados de forma natural ou sintética, que são aplicados como tintas líquidas para formar filmes finos nos componentes (substratos). Esse processo de revestimento baseado na utilização de revestimentos orgânicos é conhecido como **pintura**. A maior parte desses revestimentos é aplicada na forma líquida, mas em alguns casos eles são aplicados como pó.

Os revestimentos orgânicos são formulados para serem constituídos de veículos, corantes ou pigmentos, solventes e aditivos, para obter uma variedade de revestimentos, como as tintas, lacas e vernizes. Os **veículos** são materiais que determinam as propriedades no estado sólido do revestimento, como a resistência, as propriedades físicas e a adesão à superfície do substrato. Resinas de poliésteres, poliuretanos, epóxis, acrílicos e celuloses são exemplos de veículos. Os corantes ou pigmentos transmitem cor ao revestimento do produto. **Corantes** são compostos solúveis que colorem o revestimento líquido sem encobrir o substrato, proporcionando revestimentos transparentes ou translúcidos. **Pigmentos** são partículas que ficam dispersas no revestimento líquido, porém insolúveis nele. Os pigmentos colorem o revestimento e bloqueiam a superfície, tendendo a reforçar o revestimento.

Os **solventes** são substâncias como hidrocarbonetos alifáticos e aromáticos, alcoóis, ésteres, cetonas e solventes cloretados. Eles são utilizados na dissolução do veículo e outros componentes da composição do revestimento líquido. A seleção dos solventes depende dos veículos que farão parte do revestimento orgânico. Os **aditivos** são elementos cuja adição aos revestimentos orgânicos melhora as propriedades, pois eles são fungicidas, biocidas, espessantes, estabilizadores de transformações térmicas, estabilizantes de calor e luz, plastificantes, antiespumantes e podem apresentar outras funções.

Os revestimentos orgânicos à base de pós são polímeros termoplásticos ou termofixos. Geralmente, os pós de polímeros termoplásticos são cloreto de polivinila, náilon, poliéster, polietileno e polipropileno; e os pós de polímeros termofixos são de epóxi e poliéster.

As principais técnicas de aplicação dos revestimentos orgânicos líquidos são pincel ou rolo, aspersão (ou pulverização), imersão e pintura por lavagem. A aspersão também é uma importante técnica empregada na aplicação de revestimentos orgânicos na forma de pó; outra técnica é o uso de leito fluidizado (pós suspensos). A facilidade de aplicação, a extensa gama de cores e texturas possíveis, o baixo custo, a capacidade de proteger a superfície do substrato são vantagens consideráveis pertinentes à utilização de revestimentos orgânicos.

5.3.8 Esmalte à porcelana

Porcelana é uma cerâmica feita de caulim, feldspato e quartzo. **Esmalte à porcelana** é a tecnologia de revestimento cerâmico que aplica um esmalte de porcelana vítrea sobre substratos de metais, como aço, ferro fundido e alumínio. Os revestimentos de porcelana destacam-se por sua beleza, cor, suavidade, facilidade de limpeza, inércia química e durabilidade.

Em termos de processo, essa esmaltação consiste em preparar a porcelana transformando-a em fritas (partículas finas); aplicar o material à superfície por métodos como o uso da mistura das fritas com água (barbotina) como veículo ou a aplicação da porcelana como um pó seco por aspersão ou por eletrodeposição, por exemplo; secar (caso, seja necessário); e queimar. A etapa da queima é feita em temperaturas por volta de 800 °C, e é um processo de **sinterização**, no qual as fritas são transformadas em porcelana vítrea não porosa. A espessura típica do revestimento produzido varia de 0,075 mm a 2 mm. A sequência de etapas de processamento pode ser repetida várias vezes até obter a espessura desejada.

Outros materiais cerâmicos são utilizados como revestimentos para fins especiais. Geralmente, esses revestimentos contêm um alto teor de alumina, o que possibilita aplicações refratárias. Os métodos para aplicar esses revestimentos são semelhantes aos do esmalte à porcelana, porém com temperaturas de queima superiores.

5.3.9 Aspersão térmica

A **aspersão térmica** é um processo térmico de revestimento no qual materiais de revestimento metálicos ou não metálicos, finamente divididos, são aspergidos fundidos ou semifundidos sobre um substrato preparado, onde se solidificam e aderem à superfície, criando um revestimento.

Os materiais de revestimento podem ser metais e ligas metálicas; cerâmicas (óxidos, carbetos e certos vidros); materiais compósitos como os cermets; e materiais poliméricos como epóxi, náilon, politetrafluoretileno (PTFE) e outros. Os substratos (materiais a serem revestidos) incluem metais ferrosos e não ferrosos, materiais cerâmicos, alguns plásticos, madeira, papel e compósitos de fibra de vidro. Nem todos os revestimentos podem ser aplicados a todos os substratos. Quando o processo é utilizado para aplicar um revestimento metálico, os termos **metalização** ou **aspersão metálica** são empregados.

Os materiais de revestimento encontram-se na forma de fio, bastão, ou pó, e as tecnologias utilizadas no aquecimento desses materiais são a chama de gás combustível, o arco elétrico e o arco plasma. Na **aspersão com chama**, o material de revestimento é aquecido com a utilização de um gás combustível (acetileno ou propano, geralmente), que ejeta as gotículas fundidas em alta velocidade sobre a superfície de um componente; a temperatura da chama chega até 4.000 °C. Na **aspersão a arco elétrico**, um arco funde um fio a temperaturas de até 7.000 °C; a alimentação do processo é muito rápida, produzindo elevadíssimas taxas de deposição de material. Na **aspersão a plasma**, um arco elétrico ioniza o gás argônio, que funde o material de revestimento em gotas, que são pulverizadas na superfície do componente por um jato de gás.

Geralmente, a aspersão térmica produz um revestimento com espessura de 0,05 mm a 2,5 mm, sendo maior do que em outros processos de deposição, e necessita de operações secundárias como retificação para acabamento pós-processamento.

Inicialmente, as aplicações do revestimento por aspersão térmica foram destinadas à recuperação de componentes usinados em tamanhos subdimensionados e à reconstrução de partes desgastadas em componentes de máquinas antigas. Sua aplicação como um processo de revestimento permite aprimorar determinadas propriedades em função dos materiais envolvidos, sendo elas: proteção contra a corrosão, proteção contra elevadas temperaturas, condutividade elétrica, resistência ao desgaste, proteção contra interferência eletromagnética e outras.

RESUMINDO...

Foram descritas no capítulo, as principais tecnologias de tratamentos de materiais: tratamentos térmicos e processos de tecnologia de superfície. Em relação aos tratamentos térmicos, foram definidos os principais tratamentos utilizados para aprimorar as propriedades dos componentes manufaturados. Na sequência, foram apresentados importantes processos de tecnologia de superfície, destacando os processos de revestimento e deposição de filmes. Vale ressaltar que foram apresentadas tecnologias que servem para tratamento e preparação de superfícies de materiais metálicos e de outros materiais de engenharia.

Vamos praticar

1. Identifique as importantes razões pelas quais determinados aços são temperados e revenidos.

2. Explique a importância de tratar termicamente os materiais metálicos.

3. Para que serve o ensaio Jominy?

4. Por meio de análise do diagrama de fases do sistema cobre-níquel (Cu-Ni), que é um sistema isomorfo, explique se as ligas desse sistema podem ser tratáveis termicamente ou não por endurecimento por precipitação.

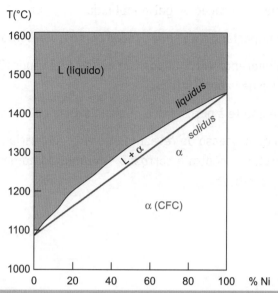

Figura 5.14 – Diagrama de equilíbrio de fases do sistema cobre-níquel (Cu-Ni).

5. Qual é a relação entre têmperas para alumínio e suas ligas e a têmpera do aço?

6. Em termos de comportamento mecânico, diferencie as possíveis microestruturas obtidas nos tratamentos de recozimento pleno e esferoidização de aços.

7. Explique por que o aço 1020, sem alteração de composição química, não pode ser temperado (endurecido por têmpera). Como a temperabilidade, que é a capacidade de ser endurecido por têmpera de um aço, pode ser aumentada?

8. Quais são as diferenças entre cementação e nitretação.

9. O tratamento mecânico de superfície por jateamento denominado *shot peening* é realizado frequentemente por outros motivos além da limpeza. Quais são esses motivos?

10. A carbonitretação é um processo de endurecimento superficial baseado na difusão de carbono e nitrogênio na superfície do aço. O processo de implantação iônica é um tratamento de superfície que envolve a inserção de átomos de impurezas em uma superfície de um componente (substrato) utilizando um feixe de partículas ionizadas de alta energia. Quando a implantação iônica é mais vantajosa do que um processo difusivo?

11. Diferencie anodização de galvanoplastia.

12. Qual é a importância da sinterização como tratamento térmico?

13. Qual é a diferença entre deposição química de vapor (CVD) e deposição física de vapor (PVD)?

14. O que é esmalte à porcelana e quais são suas aplicações?

15. Que tipo de processo de revestimento você sugeriria para proporcionar proteção contra a corrosão em um produto de aço. Justifique sua escolha.

Sistemas de Produção e Tecnologias Envolvidas

Objetivo

Este capítulo tem por objetivo apresentar os diferentes tipos de sistemas de produção, nos quais a devida integração entre os materiais e processos de manufatura citados nos capítulos anteriores geram produtos com valor agregado.

São apresentados os sistemas de produção tradicionais e com classificação por destinação, destacando suas diferenças, vantagens e desvantagens. Além disso, é contextualizado o Sistema de Manufatura Enxuta e tecnologias envolvidas, tais como tecnologia de grupo.

Tópicos como sistemas flexíveis de manufatura e manufatura integrada por computador também são abordados e discutidos neste capítulo.

6.1 Generalidades

Um **sistema** é um conjunto de elementos interdependentes de modo a formar um todo organizado. O termo sistema é de origem grega, que deriva da palavra *synístanai*, que é formada por duas outras: *syn* (junto) e *hístanai* (fazer funcionar). Logo, *synístanai* quer dizer "fazer funcionar junto".

Um **sistema de produção (SP)** é um meio de organização de recursos humanos e equipamentos para produzir de forma mais eficiente, baseando-se em entradas, processamento e saídas, conforme mostrado na Figura 6.1. As entradas (*inputs*) são a matéria-prima (ou material a ser processado), os insumos necessários para a manufatura, pedidos ou ordens de realização, plano de produção e outras. O processamento consiste naquilo que é necessário para transformar as entradas em saídas, manufaturando o produto, agregando valor a este; mão de obra, equipamentos, sequenciamento de operações, processos de transformação de matéria-prima são essenciais nesta parte do sistema produtivo. As saídas (*outputs*) são o resultado do processamento das entradas, que resulta em produto.

Figura 6.1 – Sistema de produção: entradas, processamento e saídas.

No que diz respeito a processos industriais, um sistema de produção compreende a integração de um conjunto de equipamentos e recursos humanos para a realização de uma ou mais operações de manufatura na matéria-prima, na peça ou componente ou em conjunto de peças. Os equipamentos integrados consistem em máquinas de produção, dispositivos de manuseio e posicionamento de materiais e sistemas computadorizados. Os recursos humanos são as pessoas (mão de obra) que são necessárias para que o funcionamento dos equipamentos seja mantido em tempo integral ou parcial. Em função disso, o sistema de produção também pode ser chamado de sistema de manufatura.

Tecnologias são utilizadas para aprimorar os processos de fabricação e de montagem de um sistema de manufatura, como as tecnologias de manuseio de materiais para o transporte, armazenagem e rastreabilidade dos materiais conforme se movimentam pela fábrica; e a automação, que reduz os custos de mão de obra, diminui o número de ciclos de produção, aumenta a qualidade e agrega valor ao produto.

6.1.1 Histórico

Na sequência, é apresentado um cronograma com períodos importantes pertinentes ao desenvolvimento dos sistemas de produção.

1760 a 1830: a Revolução Industrial teve grande impacto sobre a manufatura, de várias formas, pois marcou a mudança de uma economia embasada em agricultura e artesanato para uma com base em indústria e manufatura. Além das invenções da máquina a vapor de Watt, das máquinas-ferramenta, da máquina de fiar e do tear mecânico, outra invenção da Revolução Industrial que contribuiu muito para o desenvolvimento da manufatura foi o sistema de produção, que tratava de uma nova forma de organizar grandes quantidades de operadores com base na divisão de trabalho.

Final do século XIX e início do século XX: o movimento da administração científica foi desenvolvido nos Estados Unidos em função da necessidade de planejar e controlar as atividades do crescente número de operadores na manufatura. Frederick W. Taylor (1856-1915), Frank Gilbreth (1868-1924) e sua esposa Lillian Gilbreth (1878-1972) são considerados como líderes desse movimento. A administração científica inclui recursos como o estudo dos tempos e métodos, destinado a estabelecer o melhor método e padrões de trabalho para realizar determinada tarefa; sistema de pagamento por unidade produzida e planos semelhantes de incentivo ao trabalho; e uso de coleta de dados, manutenção de registros e contabilidade dos custos nas operações industriais.

1913: Henry Ford (1863-1947) introduziu a linha de montagem em sua fábrica de Highland Park, no Michigan (EUA), tornando possível a produção em massa de produtos de consumo. O uso dos métodos de linha de montagem permitiu que Ford comercializasse automóveis modelos T para uma grande parte da população dos Estados Unidos.

1920: a eletricidade já havia ultrapassado o vapor como principal fonte de energia nas fábricas dos Estados Unidos. O século XX foi o período de mais avanços tecnológicos do que todos os outros séculos juntos, e muitos desses desenvolvimentos resultaram na automação da manufatura.

Anos 1950: o mercado de automóveis no Japão era muito menor do que nos Estados Unidos, e em função disso, as técnicas de produção em massa não podiam ser utilizadas. Taiichi Ohno (1912-1990) desenvolveu alguns dos procedimentos do Sistema Toyota de Produção para reduzir o desperdício e aumentar a eficiência e a qualidade dos produtos. Ohno e seus colaboradores fizeram experiências e aperfeiçoaram os procedimentos ao longo de décadas, incluindo just-in-time, o sistema Kanban e o controle da qualidade da produção. O termo manufatura enxuta foi adotado por pesquisadores do Instituto de Tecnologia de Massachusetts (MIT – Massachusetts Institute of Technology) para se referir às técnicas e aos procedimentos utilizados na Toyota para produzir carros com uma qualidade tão elevada. A pesquisa ficou conhecida como Programa Internacional de Veículos Automotores e foi documentada no livro *The Machine that Changed the World* (publicado em 1991).

Esses são alguns eventos históricos e descobertas que se destacam por ter gerado grande impacto sobre o desenvolvimento dos modernos sistemas de produção. De fato, o princípio da **divisão do trabalho** é uma significativa descoberta, que se baseia na divisão do trabalho total em tarefas e contendo operadores individuais, em que cada um deles torna-se especialista em realizar apenas uma tarefa. Esse princípio foi praticado há séculos, mas o economista Adam Smith (1723-1790) é creditado com a primeira explicação de sua importância econômica na obra *A Riqueza das Nações*.

Flexibilidade é uma característica importante em qualquer sistema de produção utilizado na indústria, podendo ser maior ou menor dependendo do sistema utilizado. A flexibilidade está relacionada à possibilidade de mudança entre os estados do processamento e a capacidade de processar ampla variedade de produtos e serviços. Além disso, um sistema de produção com alta flexibilidade permite alteração rápida; reduz o custo de produtos e serviços; reduz o custo de tempos e volumes; e possibilita lidar com eventos não esperados (por exemplo, falha de suprimento ou de processamento).

Os sistemas de produção podem ser classificados de forma tradicional ou por destinação. Além dessas classificações, também há o Sistema de Manufatura Enxuta, oriundo do Sistema Toyota de Produção. Na sequência, são apresentadas as classificações dos sistemas de produção e seus respectivos tipos de processos de produção. Não é incomum que termos que são relacionados à manufatura também sejam empregados em serviços. No texto também são mostrados exemplos de aplicações de sistemas de manufatura (ou produção) em serviços.

6.2 Sistemas de produção: classificação tradicional

A classificação tradicional dos sistemas de produção baseia-se no volume de produção e na variedade de produtos, podendo ser processos de produção por projeto ou produto único; processos de produção por *jobbing*; processos de produção por lotes ou bateladas; processos de produção em massa ou linha; e processos de produção contínuos.

6.2.1 Processos de produção por projeto ou produto único

Trata-se do atendimento de uma necessidade específica do cliente, lidando com produtos muito específicos, geralmente bastante customizados.

Todo o sistema se volta para sua execução, apresentando mapas de processos complexos. Em termos de *lead time*, o intervalo de tempo é relativamente longo para a conclusão de cada produto, em que cada tarefa tem início e fim bem definidos. Uma vez concluído o produto, o sistema passa para outro diferente.

A produção tem baixo volume e alta variedade. Normalmente, a capacidade de produção é limitada, tratando-se de lote unitário. Esse tipo de sistema produtivo também apresenta alta flexibilidade, uma vez que o produto é feito totalmente segundo as especificações do cliente. Na Figura 6.2 é mostrado um esquema de produção por projeto ou produto único.

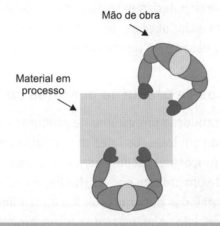

Figura 6.2 – Processo de produção por projeto.

Como limitações os recursos de transformação podem ter que ser organizados especialmente para cada produto, em função de suas peculiaridades. O processo de produção pode ser complexo, em parte porque as tarefas frequentemente envolvem discernimento significativo para agir conforme o julgamento profissional. Exemplos de processos de produção por projeto ou produto único incluem fabricação de turbogeradores e navios; construção civil (operações de fabricação de grandes obras); projeto de software; produção de filme; e serviços como campanhas publicitárias.

6.2.2 Processos de produção por jobbing

Os processos de produção por *jobbing* lidam com alta variedade e baixos volumes. Entretanto, enquanto na produção por projeto cada produto tem praticamente recursos dedicados exclusivamente a ele, em *jobbing* cada produto deve compartilhar os recursos de processamento com muitos outros. Os recursos processarão uma série de produtos, mas, embora cada produto exija atenção similar, podem diferir em suas necessidades específicas. Muitos produtos provavelmente nunca serão repetidos. A produção com base em *jobbing* pode ser relativamente complexa, o que pode necessitar de considerável habilidade dos profissionais envolvidos. Geralmente, os produtos obtidos são fisicamente menores do que aqueles da produção por projetos, e os processos frequentemente envolvem menos circunstâncias imprevisíveis. Exemplos de processos de produção por *jobbing* incluem muitas operações de engenharia de precisão, como ferramentarias especializadas, alfaiates que trabalham com roupas sob medida, oficinas de restauração de móveis e gráficas que imprimem ingressos para um evento social local.

6.2.3 Processos de produção por lotes ou bateladas

Nesse tipo de produção um volume de produtos ou serviços padronizados é produzido em lotes. Os lotes de produtos passam por postos de trabalho com funções específicas em diferentes sequências e são produzidos mais de um produto por vez. Na Figura 6.3 é esquematizada a produção por bateladas dos produtos X e Y, seguindo por postos de trabalho que evidenciam sequências de processamento distintas.

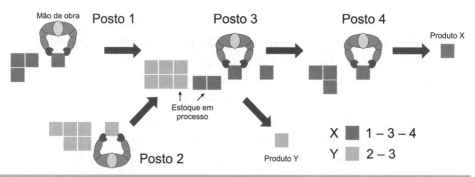

Figura 6.3 – Processo de produção por lotes.

Esse sistema de produção é flexível, porém limitado aos tipos de postos de trabalho disponíveis. Requer bom sequenciamento de produção para ter a adequada utilização dos recursos e postos. Ao mudar o tipo de produto, o posto de trabalho pode necessitar de *setup* (preparação), tal como ajuste de ferramenta, por exemplo. A mão de obra deve ser polivalente (multifuncional). Exemplos de produção por lotes ou bateladas incluem máquinas-ferramenta, autopeças, alguns alimentos congelados e cosméticos.

Os processos de produção por lotes podem ser semelhantes aos processos de produção por *jobbing*, mas não têm o mesmo grau de variedade. Os processos de produção por lotes produzem mais de um produto por vez. Portanto, cada parte do processo tem períodos em que há repetição, pelo menos durante a produção do lote. Se o tamanho do lote for de apenas dois ou três itens, será pouco diferente do *jobbing*. De forma inversa, se os lotes forem grandes e, especialmente, se os produtos forem familiares à operação, os processos de lote poderão ser bastante repetitivos. Por isso, os processos de produção por lotes podem ser encontrados em amplos níveis de volume-variedade.

6.2.4 Processos de produção em massa ou linha

No sistema de produção em linha, os produtos fluem por uma esteira, correia ou outra forma de transporte similar, passando pelos postos de trabalho em sequência fixa (Figura 6.4). Esse sistema possibilita a produção em grandes quantidades, porém com baixa flexibilidade ou variedade de produtos.

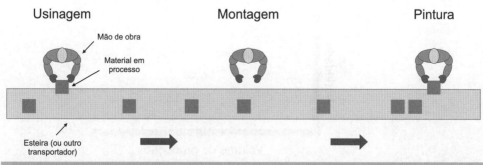

Figura 6.4 – Processo de produção em linha.

A elevada padronização dos produtos e a pouca flexibilidade para fabricar produtos diferentes favorece a automação da manufatura. O custo de implantação de produção em linha é alto, o que requer que os produtos tenham demanda estável por longos períodos. A mão de obra não necessita de alta especialização, pois realiza trabalhos repetitivos.

Exemplos de produção em linha incluem as linhas de montagem de veículos e eletrodomésticos, fabricação de bonés e os frigoríficos.

6.2.5 Processos de produção contínuos

Os processos de produção contínuos possuem maiores volumes de produção e, normalmente, menor variedade do que os processos de produção em linha. Geralmente, operam por períodos mais longos. Às vezes, são literalmente contínuos, posto que seus produtos são inseparáveis e produzidos em fluxo contínuo, fluindo fisicamente. De forma frequente, possuem tecnologias intensivas em capital inflexíveis, com fluxo altamente previsível e, embora os produtos possam ser estocados durante o processo, sua característica predominante é de fluxo contínuo de uma parte do processo a outra. São exemplos de processos contínuos refinarias petroquímicas, usinas de eletricidade, siderúrgicas, certas fábricas de papel e centrais de tratamento de água.

Na Figura 6.5 são mostrados os níveis de volume de produção e variedade de produtos para os tipos de sistemas de produção tradicionais, em que se nota que a variedade de produto é maior para a produção de menores quantidades de produtos, sendo maior para os processos de produção por projeto ou produto único e menor para os processos de produção contínuos, que possibilitam o maior volume de produção.

Figura 6.5 – Volume de produção e variedade de produtos para os tipos de sistemas de manufatura tradicionais.

6.3 Sistemas de produção: classificação por destinação

A classificação por destinação dos sistemas de produção baseia-se no destino dos produtos fabricados, podendo ser processos de produção para estoque ou processos de produção para o cliente. O grau de padronização do produto depende do nível de contato com o cliente. Quanto maior for esse contato, mais customizado pode ser o produto e menor será sua escala de produção.

6.3.1 Processos de produção para estoque

Baseia-se na pronta entrega, mas com customização limitada. Requer conhecimento do mercado para decidir o que e quanto produzir. Esse tipo de produção é adequado para produtos mais padronizados com alto grau de uniformidade, que apresenta maior demanda de mercado e que o cliente espera ter a pronta entrega do produto. A Figura 6.6 ilustra a produção para estoque, em que se nota a manufatura voltada para a formação de estoque de itens para retirada pelo cliente, que pode ser imediata.

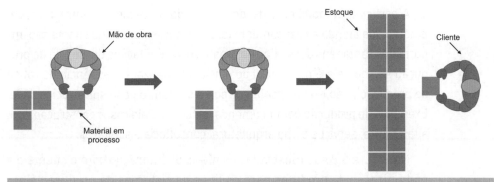

Figura 6.6 – Produção para estoque.

Além da pronta entrega para o cliente, outras vantagens desse tipo de sistema de produção são: produção em larga escala, redução do custo de produção e elevada possibilidade de automatização. As desvantagens são que os produtos podem não ser exatamente o que quer o cliente deseja, o estoque está sujeito a encalhe caso a demanda do mercado mude, e necessita de controle de estoque. Exemplos de produção para estoque incluem a produção de roupas, eletrodomésticos, automóveis, combustíveis e alimentos industrializados.

6.3.2 Processos de produção para o cliente

Trata-se de um sistema de produção destinado à produção sob medida, fundamentado no pedido do cliente (por encomenda), no qual as especificações do produto e os prazos são acordados entre as partes. Geralmente, o sistema de produção trabalha com lotes unitários, pois se trata de atividades muito específicas. Esse tipo de sistema de produção está ilustrado na Figura 6.7.

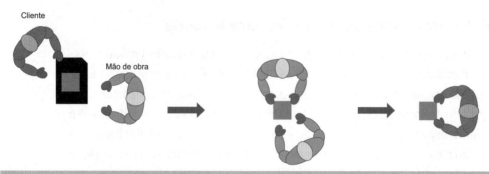

Figura 6.7 – Produção para o cliente.

A participação do cliente desde o início do processo e a entrega de um produto que atenda a praticamente todas as necessidades do cliente são importantes vantagens desse tipo de produção. As limitações desse tipo de produção são que ela é mais cara, de difícil automatização (ausência de rotina de produção), não existe pronta entrega e o sistema pode sofrer ociosidade. Exemplos de produção por encomenda incluem estaleiros, a construção civil, alta costura, serviços como arquitetura, consultoria e similares.

Na Figura 6.8 são mostrados os níveis de interação com o cliente e a padronização de produtos para os tipos de sistemas de produção classificados por destinação, em que se nota que a padronização é maior para a produção voltada para estoques, já a produção por encomenda requer maior interação com o cliente, o que gera maior customização e menor grau de padronização de produtos.

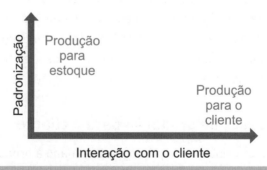

Figura 6.8 – Níveis de padronização e interação com o cliente para os processos de produção por destinação.

6.4 Layouts (arranjos físicos)

No setor industrial, os sistemas de produção citados anteriormente possuem equipamentos que são normalmente dispostos em um agrupamento lógico, como uma linha de produção automatizada, ou uma célula de trabalho consistindo em um robô industrial e duas máquinas-ferramenta, por exemplo. O arranjo dos equipamentos no chão de fábrica é o seu layout.

Os **layouts** (ou arranjos físicos) consistem no posicionamento físico dos recursos de produção, em que é necessário decidir onde colocar todas as instalações, máquinas, equipamentos e pessoal da produção. O layout também determina a forma e aparência das operações de produção.

Um arranjo físico adequado de um sistema produtivo deve atentar a duas questões: os produtos são padronizados ou produzidos por encomenda? Quais são os tipos de operação dos produtos? Em função disso, é importante classificar o sistema produtivo do qual o layout fará parte. Os tipos clássicos de layout são: posicional, por processo, por produto e celular.

No **layout posicional** (ou **de posição fixa**) os operários (trabalhadores) e os equipamentos de manufatura são levados ao produto, que fica estacionário, correspondendo ao sistema produtivo com processos de produção por projeto. Isso requer cuidados, pois normalmente o produto é grande e pesado, e a movimentação de materiais ocorre em torno dele. Na produção industrial, esses produtos são geralmente obtidos a partir de grandes módulos montados em locais separados, sendo posteriormente transportados por guindastes de grande capacidade para um local de montagem final.

Comumente, esse tipo de arranjo físico é utilizado para escala de produção baixa (1 a 100 unidades por ano). Os exemplos de utilização incluem fabricação de locomotivas, máquinas pesadas e a construção de edifícios; e em serviços, como pacientes em grandes cirurgias e clientes de restaurantes de luxo.

No **layout por processo** (ou **funcional**) os produtos percorrem diferentes roteiros de processamento entre os recursos disponíveis. Normalmente, as peças ou componentes de produtos de grandes dimensões são manufaturados em sistemas produtivos com este tipo de arranjo físico, com uma sequência de operação distinta para componentes distintos, que são movimentados pelos departamentos de forma específica à sua produção, e, em geral em lotes. Em função disso, o arranjo físico funcional corresponde a sistemas produtivos de fluxo de produção intermitente, que estão presentes em processos de produção por lotes ou encomendas. Normalmente, é adotado na escala de produção média (100 a 10.000 unidades anualmente).

No caso do arranjo físico funcional para a usinagem de produtos metálicos, as fresadoras ficam em um departamento, as retificadoras ficam em outro, e assim por diante. O layout por processo é conhecido por sua grande flexibilidade, que permite grande variedade de sequências de operação para execução de diferentes configurações de peças. Contudo, tem por desvantagem o fato de que as máquinas e os métodos de produção de componentes não atingem grande eficiência de produção. Exemplos de utilização desse tipo de arranjo físico além da indústria mecânica estão nas bibliotecas, hospitais (alas gerais), laboratórios de análises clínicas; e supermercados: enlatados (fácil reposição), alimentos congelados (estocagem frigorificada contígua) e vegetais frescos (mais atrativos).

No **layout por produto** cada produto segue um roteiro de processamento pré-definido, em que os recursos produtivos são posicionados para a melhor conveniência do recurso transformado, de modo a maximizar a eficiência produtiva do sistema. Esse arranjo físico é utilizado quando se necessita de uma sequência linear para a manufatura do produto ou prestação de serviço. É adotado em produção alta (10.000 a milhões de unidades por ano), que é chamada de produção em massa quando os volumes anuais de produção ultrapassam 100.000 unidades.

No caso de processos industriais, a sequência de atividades corresponde à sequência de arranjo de processo, que é uma linha de fluxo de produção com múltiplas estações de trabalho dispostas em sequência, com movimentação ou montagens de componentes até a conclusão do produto. A movimentação de materiais é constante. Cada estação de trabalho se torna responsável por uma parte especializada do produto ou serviço e o balanceamento do fluxo de materiais ou pessoas é necessário para obter determinada taxa de produção ou de atendimento.

Esse tipo de arranjo físico corresponde ao sistema de produção que adota processos de produção em massa, que inclui as linhas de montagem de automóveis, em que praticamente todas as variantes do mesmo modelo seguem a mesma sequência de processos. Outros exemplos são programa de imunização em massa, em que todos os clientes necessitam da mesma sequência de atividades administrativas, médicas e de aconselhamento; e restaurante self-service, em que a sequência de serviços requeridos pelo cliente é comum para todos os clientes, mas o layout também ajuda no controle sobre o fluxo de clientes.

O **layout celular** é aquele no qual a manufatura de diferentes peças ou componentes é realizada em células constituídas de várias estações de trabalho e máquinas, quando não há variação significativa entre os produtos. O sistema produtivo é configurado para que grupos de produtos semelhantes sejam manufaturados no mesmo equipamento, sem perda significativa de tempo de *setup*. Esse tipo de arranjo físico corresponde a uma alternativa na produção média e está associado à manufatura celular (Tópico 6.5 deste capítulo).

Os tipos de processos de produção dos sistemas produtivos, de arranjo físico e escala de produção são mostrados na Tabela 6.1. Entretanto, vale ressaltar que a ideia de tipos de processos de produção dos sistemas produtivos é útil, mas pode ser também simplista. Na realidade, não há fronteira clara entre tipos de processos de produção. Por exemplo, muitos alimentos processados são obtidos em lotes por meio de processos de produção em massa. Em suma, trata-se de um processo de produção em massa, mas não uma versão tão pura de processamento em massa. Outro exemplo é a presença de células destinadas à realização de pré-montagens de conjuntos para modelos específicos de veículos em montadoras, que são baseadas na produção em linha.

Tabela 6.1 – Tipos de processos de produção, arranjos físicos, serviços e escala de produção em sistemas produtivos

Processos de produção	Arranjo físico	Escala de produção
Por projeto	Posicional	Baixa
Por *jobbing*	Posicional ou por processo	Baixa e dificilmente a média
Por lote ou batelada	Por processo ou celular	Média
Em massa	Celular ou por produto	Alta
Contínuos	Por produto	Alta

6.5 Sistema de manufatura enxuta

Manufatura enxuta (ou **produção enxuta**), do inglês *lean manufacturing*, significa produzir mais com menos recursos, eliminando o desperdício nas operações de manufatura. Foca em reduzir ou eliminar atividades desnecessárias que não agregam valor e não apoiam as atividades que agregam valor ao produto, como a produção de peças defeituosas, estoques excessivos, etapas desnecessárias de fabricação, manuseio e transporte desnecessário de materiais e a movimentação desnecessária ou a espera de trabalhadores (operadores).

O atual Sistema de Manufatura Enxuta deriva dos conceitos do Sistema Toyota de Produção (STP), que consiste em manufatura sem estoque e com sincronização enxuta, em que os itens fluem de forma rápida e regular por meio dos processos, operações e redes de suprimento. Os principais componentes do Sistema Toyota de Produção são a entrega *just-in-time* (produção puxada), a autonomação ("automação inteligente" ou "automação com um toque humano") e o comprometimento dos recursos humanos. Dessa forma, o sistema produtivo baseado em manufatura enxuta tem como foco alcançar um fluxo de materiais, informações ou clientes que ofereça exatamente o que os clientes desejam, em quantidades exatas, quando for necessário, no local certo e com o menor custo possível.

Basicamente, o Sistema de Manufatura Enxuta apresenta configuração celular (manufatura celular), com menor quantidade de material ou estoque em processo e com funcionários multifuncionais, conforme mostrado na Figura 6.9, o que permite reduzir capital de giro e *lead times*, mantendo flexibilidade e qualidade no processo de produção.

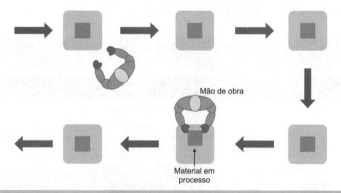

Figura 6.9 – Ilustração de configuração celular.

Manufatura celular compreende a utilização de células de trabalho especializadas na produção de famílias de peças ou componentes em quantidades médias, conforme mostrado na Tabela 6.1. Trata-se de uma adaptação da produção em massa na qual os operários (mão de obra) e as células de trabalho se tornam mais flexíveis e eficientes quando são adotados métodos de redução de desperdício em todas as formas.

A manufatura celular se baseia em uma abordagem chamada tecnologia de grupo (TG), que minimiza as desvantagens da produção em lotes como o tempo de parada para *setup* e os custos com estoque. A **tecnologia de grupos** explora similaridades de peças ou componentes e processos de fabricação. Trabalha-se com o conceito de **família**, que é um conjunto de produtos com similaridade geométrica e/ou de processos de fabricação. A **célula** é um conjunto de máquinas agrupadas para fabricar os componentes de uma família, facilitando o roteiro de fabricação e seguindo o princípio da especialização das operações. Os componentes e as peças são codificados a partir de tratamento estatístico por meio de uma matriz de processos.

A célula de manufatura inclui equipamentos de produção especiais, ferramentas e acessórios customizados para melhorar a produção. De forma simplificada, cada célula pode ser considerada uma fábrica dentro da fábrica.

Importantes vantagens do Sistema de Manufatura Enxuta são custos de fabricação estimados com maior facilidade, projetos de processo facilmente estabelecidos, melhor utilização de máquinas e ferramentas (padronizadas), menor custo de movimentação de materiais, menor estoque em processo (WIP, do inglês *work in process*). A padronização dos projetos evita duplicações de atividade, permite reutilizar ferramentas de projetos anteriores e as informações são disseminadas com mais facilidade na unidade fabril.

A implementação de células de manufatura nos sistemas produtivos pode apresentar alguns problemas como a reorganização das máquinas em arranjo celular. O planejamento e execução desse arranjo requer tempo, e as máquinas ficam improdutivas durante as alterações de configuração de layout. Além disso, para iniciar um programa de tecnologia de grupo é necessário identificar as famílias e isso pode exigir muito tempo, se o número de peças diferentes for muito grande (da ordem de 10.000 peças diferentes, por exemplo). As desvantagens das células de manufatura incluem a possibilidade de máquinas duplas em células diferentes; a utilização de máquinas pode ser menor no layout funcional; e a flexibilidade da célula pode ser limitada em relação ao volume e mix de produção, levando a baixas eficiências de balanceamento.

6.6 Sistemas flexíveis de manufatura

Um sistema flexível de manufatura (FMS, do inglês *flexible manufacturing system*) praticamente é uma célula de manufatura com alto grau de automatização, que contém um agrupamento de estações de trabalho semi-independentes com controle computadorizado, interligadas por um sistema automatizado de transporte ou manuseio. Sistemas flexíveis de manufatura são tipicamente utilizados para a produção em médio volume e variedade intermediária.

Os sistemas flexíveis de usinagem consistem na aplicação mais comum da tecnologia FMS, em que são comumente empregadas máquinas-ferramenta com controle numérico computadorizado (CNC) para a usinagem de materiais e veículos guiados automaticamente (AGV, do inglês *automated guided vehicle*) para a movimentação de materiais. Um FMS possui capacidade de fabricar uma variedade de tipos diferentes de peças de forma simultânea em diferentes estações de trabalho.

Em um sistema flexível de manufatura são aplicados os princípios da tecnologia de grupo. Um FMS é projetado para produzir produtos dentro de uma faixa de tipos, tamanhos e processos de manufatura, sendo, portanto, capaz de produzir uma única família de peças ou uma faixa limitada de famílias de peças.

Os critérios mais importantes para que um sistema de manufatura seja considerado flexível são as capacidades de processamento de tipos de peças diferentes de tal forma que não seja em lotes e a de aceitar mudanças no cronograma de produção. Outros critérios que podem ser disponibilizados em um FMS em diferentes níveis de sofisticação são responder prontamente ao mau funcionamento de equipamentos e falhas no sistema e permitir a introdução de novas peças. É necessário um computador central para controlar e coordenar os componentes do sistema.

6.6.1 Customização em massa

A manufatura flexível é capaz de produzir em grandes quantidades um produto exclusivo para cada cliente, o que é chamado de **customização em massa**. Nesse tipo de produção, cada produto é customizado individualmente de acordo com as especificações de cada cliente. Muitos produtos são fabricados em eficiências que se aproximam das obtidas na produção em massa, o que permite custos similares aos dos produtos não customizados.

Na situação extrema, em termos de volume de produto e variedade de produtos a customização em massa e a produção em massa são opostas. A customização em massa envolve uma grande variedade de produtos e somente uma unidade de cada tipo de produto é produzida, enquanto a produção em massa é a produção de quantidades muito grandes de um tipo de produto.

6.7 Manufatura integrada por computador

Manufatura integrada por computador (CIM, do inglês *computer integrated manufacturing*) é um termo que se refere ao sistema integrado de produção, com o uso generalizado dos sistemas computacionais por toda a organização, não só para monitorar e controlar as operações, mas também para projetar o produto, planejar os processos de fabricação e realizar processos de negócios relacionados à produção.

Embora algumas das operações nas fábricas possam ser realizadas manualmente (por exemplo, linhas de montagem manuais), sistemas computacionais são utilizados para programar a produção, coletar dados, manter registros, acompanhar o desempenho e outras funções relacionadas à produção. Nos sistemas mais automatizados (por exemplo, sistemas flexíveis de manufatura), os computadores controlam diretamente as operações.

Os sistemas computacionais desempenham um papel importante nas funções gerais, que devem ser realizadas na maioria das empresas de manufatura, as quais são: projeto do produto, planejamento e controle da produção e processos de negócios. A manufatura integrada por computador tem como característica a integração dessas funções dentro de uma organização.

> **Engenharia reversa** é o processo de descobrir os princípios tecnológicos e o funcionamento de um dispositivo, objeto ou sistema, por meio da análise de sua estrutura, função e operação. Por exemplo, por meio dos sistemas CAD/CAM pode-se gerar a reconstrução de um componente qualquer mediante uma peça modelo.

Em relação ao projeto do produto, utilizam-se sistemas computacionais como projeto ou desenho auxiliado por computador (CAD, do inglês *computer-aided design*) e engenharia auxiliada por computador (CAE, do inglês *computer-aided engineering*), que incluem modelagem geométrica, análise de engenharia, como a modelagem de elementos finitos, revisão e avaliação de projetos, e desenho automatizado. O planejamento da produção pode utilizar sistemas como manufatura auxiliada por computador (CAM, do inglês *computer-aided manufacturing*), planejamento do processo auxiliado por computador (CAPP, do inglês *computer-aided process planning*), programação de usinagem com controle numérico computadorizado (CNC), sequenciamento da produção e pacotes de planejamento, como planejamento de requisitos de material. Os sistemas de controle da produção incluem aqueles utilizados no controle de processos, controle de chão de fábrica, controle de estoque e inspeção auxiliada por computador (CAI, do inglês *computer-aided inspection*) para controle de qualidade. Um esquema de integração dos sistemas computacionais está representado na Figura 6.10. Os sistemas de processos de negócios são utilizados para entrada de funções de negócios, tais como pedidos (ou ordens), faturamento e outras. Dessa forma, a manufatura integrada por computador fornece os fluxos de informação necessários para a produção real do produto.

Figura 6.10 – Diagrama simples de manufatura integrada por computador.

A manufatura integrada por computador é implementada em muitas empresas a partir de um sistema integrado de gestão (ERP – *enterprise resource planning*), que é um sistema computacional que organiza e integra o fluxo de informações em uma organização por meio de uma base única de dados. Em empresas de processos industriais, o ERP realiza as funções do planejamento dos recursos de manufatura. Outras funções na maioria dos sistemas ERP incluem vendas e serviços, marketing, logística, distribuição, controle de estoque, contabilidade e finanças, recursos humanos e gestão de relacionamento com o cliente. De forma geral, os sistemas ERP são constituídos de módulos de software, em que cada um deles é dedicado a uma função específica. Uma empresa usuária pode escolher por incluir apenas certos módulos de interesse particular em seu sistema de gestão integrada. Isso possibilita que uma organização prestadora de serviços não inclua os módulos relacionados à manufatura em seu sistema ERP, por exemplo.

6.8 Outros tópicos relacionados à produção

Com a crescente preocupação com a sustentabilidade, que se baseia na viabilidade social, econômica e ambiental, as empresas estão procurando novas soluções para entregar valor aos clientes, com técnicas para a operação e gestão sustentável de sistemas produtivos. Servitização e economia circular são tópicos relevantes e atuais relacionados à produção sustentável.

Servitização significa vender os serviços originários de produtos em vez do produto em si. Trata-se de uma tendência com base em um modelo de gestão associado com "pacotes" de serviços e bens, ou "pacotes de valor", em que as empresas oferecem soluções do tipo produto-serviço, ou seja, é a mudança da lógica de vender somente produto, para vender o pacote de produtos e serviços. Um exemplo simples de aplicação desse conceito é de o cliente precisar de furos de 50 mm de diâmetro e não necessariamente de brocas.

Do ponto de vista econômico, as justificativas para a servitização são que as receitas podem ser geradas por serviços associados a produtos de longo ciclo de vida, os serviços em geral têm uma margem de lucro maior e são mais resistentes aos ciclos econômicos do que os produtos manufaturados. Do ponto de vista tecnológico, os consumidores estão demandando produtos de tecnologia mais complexa, que requerem serviços cada vez mais especializados.

Vale destacar que os fabricantes têm o melhor conhecimento do produto, portanto estão mais bem capacitados para oferecer serviços. Na servitização, o que é comercializado é o direito de uso do bem, não o direito de propriedade. Isso possibilita que o cliente possa reorganizar sua estrutura produtiva, trocando facilmente de ativos segundo evolua sua estratégia de manufatura.

Outro conceito importante e atual em relação à produção é o de **economia circular**, fundamentado em um sistema de produção de bens e serviços intencionalmente reparador ou regenerativo com benefícios operacionais e estratégicos e um enorme potencial de inovação, geração de empregos e crescimento econômico (cadeias produtivas intencionais e integradas).

Economia circular está associada ao uso dos materiais no final de ciclo de vida ou utilização, eliminando o conceito de lixo. Trata-se de um modelo de gestão de processos de transformação mais eficientes e com menor geração de **resíduos,** melhorando o valor econômico do produto. A abordagem dos processos sob a ótica da economia circular visa melhorar os impactos da tradicional **economia linear**, que é baseada em extração, produção e descarte de produtos (Figura 6.11).

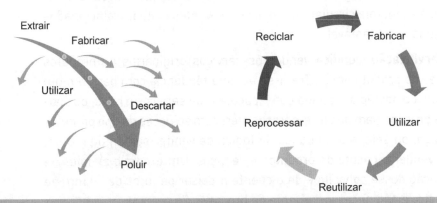

Figura 6.11 – Diagrama simples contrastando a poluição gerada pela economia linear com o modelo de reaproveitamento da economia circular.

A economia circular é uma mudança de modelo de sistema de produção. Conforme Figura 6.12, em termos de evolução dos sistemas produtivos, há a importância da produção em massa embasada em grandes volumes com baixa variedade de produtos; dos sistemas de manufatura enxuta que são flexíveis e ágeis; e a economia circular, tendência que está diretamente vinculada à produção sustentável.

Figura 6.12 – Mudança de modelos para os sistemas produtivos.

Os princípios da economia circular revelam sua característica desafiadora, consistindo em desenvolvimento de produtos de múltiplas utilidades e de uma logística reversa que mantenha a qualidade e o custo de forma equilibrada. A economia circular possibilita o aproveitamento inteligente dos recursos que já se encontram em uso no processo produtivo.

Para colocar em prática os princípios da economia circular, não se deve apenas descrever como as coisas deveriam funcionar, mas também especificar de onde deve vir a criação de valor na Economia. Deve-se buscar nos sistemas produtivos a adoção de círculos internos de menor tempo possível para os materiais; de círculos duradouros para os materiais no sistema econômico; o uso em cascata e a substituição das partes no esgotamento do reúso; e intensificar o uso de substâncias puras, não tóxicas e segregáveis.

Por exemplo, com base na economia circular, um carro deve ser projetado para utilizar energia renovável e para ser desmontável, sendo produzido com peças e componentes de materiais que são recuperáveis e recicláveis para posterior remanufatura.

Simbiose industrial é a associação de processos de empresas de tal forma que os resíduos de uma sirvam de insumos (matéria-prima) para a outra, em tantas relações quanto forem necessárias para que, de forma ideal, seja constituído um ciclo fechado, sem desperdícios.

RESUMINDO...

Foram apresentados no capítulo os conceitos gerais sobre sistemas produtivos tradicionais e classificados por destinação. Além destes, foram abordados os fundamentos sobre Sistema de Manufatura Enxuta e a tecnologia de grupo, presente na manufatura celular e nos sistemas flexíveis de manufatura. Temas atuais como servitização e economia circular também foram estudados.

Vamos praticar

1. Defina sistemas produtivos.
2. Diferencie os processos de produção por lotes dos processos por *jobbing*.
3. Quais tipos de processo e layout podem ser utilizados na fabricação de aviões? Explique.
4. Quais tipos de processo e layout podem ser utilizados na fabricação de automóveis? Explique.
5. Em função da movimentação dos materiais durante o processo, diferencie os sistemas tradicionais de produção em linha, por lotes e por projeto.
6. Faça um comparativo entre sistemas de produção por projeto, produção em massa e manufatura celular.
7. O que é tecnologia de grupo?
8. Explique qual é a aplicação mais comum de sistemas flexíveis de manufatura.
9. Cite cinco sistemas computacionais presentes na manufatura integrada por computador e quais as suas respectivas funções?
10. Identifique importantes justificativas para a adoção da servitização.
11. Diferencie economia circular de economia linear.

Capítulo 7

Indústria 4.0 – Manufatura Avançada

Objetivo

Este capítulo tem por objetivo definir os conceitos básicos pertinentes à Indústria 4.0, ou Manufatura Avançada. Apresenta as tecnologias da Indústria 4.0, como *Big Data*, Internet das Coisas e Manufatura Aditiva, procurando mostrar ao leitor como essas tecnologias podem interagir entre si e com o ser humano e, além disso, como podem aumentar a produtividade das empresas.

7.1 Generalidades

Em tempos atuais, a sociedade apresenta um cenário de consumidores cada vez mais exigentes e de mercados voláteis, em que não há espaço para falhas na indústria. Em função disso, é preciso ter controle total da produção para garantir qualidade, flexibilidade e produtividade no processo fabril. Esse cenário requer interação entre tecnologias de automação, de comunicação e informação e de produção, permitindo diferenciais produtivos como a possibilidade de customização em massa de produtos e serviços e a busca pela inovação contínua.

A chamada **fábrica inteligente (*smart factory*)** é uma realidade e refere-se à manufatura conectada, com soluções tecnológicas para aprimorar os processos rotineiros de produção. Basicamente, a grande conectividade presente nas máquinas, nos equipamentos e nos produtos possibilitam o estabelecimento de fábricas inteligentes que tomam decisões de forma autônoma. Na Figura 7.1 é mostrado um exemplo de fábrica inteligente, em que há a combinação de recursos de automação, como robôs, e sistemas ciberfísicos. Um **sistema ciberfísico** é um sistema composto por elementos computacionais colaborativos com o intuito de controlar entidades físicas (objetos). Isso permite o processamento e a conectividade entre os objetos presentes na fábrica inteligente, que são classificados como objetos inteligentes (*smart products*).

Figura 7.1 – Ilustração de fábrica inteligente (*smart factory*).

As vantagens das fábricas inteligentes incluem melhorias de processo, redução de custos e maior eficiência produtiva. As tarefas automatizadas são realizadas de forma mais rápida e sem repouso e a conectividade permite que os gestores obtenham informações do chão de fábrica em tempo real.

Trata-se de uma transformação tecnológica que é denominada Indústria 4.0, também classificada como a Quarta Revolução Industrial. Na Figura 7.2 são apresentadas as quatro revoluções industriais, as quais são descritas resumidamente a seguir:

a) **Indústria 1.0 (Primeira Revolução Industrial):** de 1760 a meados de 1850; consistindo a era da mecanização, do uso da energia a vapor e da produção em larga escala.

b) **Indústria 2.0 (Segunda Revolução Industrial):** de 1850 à Primeira Guerra Mundial, tratando-se da era da eletricidade, das linhas de montagem (Fordismo, por exemplo) e da produção em massa.

c) **Indústria 3.0 (Terceira Revolução Industrial):** de 1950 a 1970, compreendendo a era da automação, da tecnologia da informação, com o advento do processo produtivo automatizado e o surgimento dos robôs na manufatura.

d) **Indústria 4.0 (Quarta Revolução Industrial):** seu marco inicial aconteceu na Alemanha, em 2011, na Feira de Hannover, baseando-se na integração de tecnologias, como Internet das Coisas (IoT), simulações e manufatura aditiva. Trata-se da era dos sistemas ciberfísicos e da descentralização dos processos de manufatura.

Figura 7.2 – As quatro revoluções industriais.

Em mercados em que ainda há empresas na Indústria 2.0, ou seja, empresas que produzem sem o uso de tecnologias de automação e de comunicação e informação, a Indústria 4.0 representa um diferencial competitivo apesar do custo de aquisição e de instalação de suas respectivas tecnologias.

7.2 Tecnologias da Indústria 4.0

A **Indústria 4.0** também é conhecida como manufatura avançada. A terminologia manufatura avançada é de origem estadunidense e Indústria 4.0, de origem alemã, como citado anteriormente.

A Indústria 4.0 engloba determinadas tecnologias para automação e troca de dados e utiliza conceitos de sistemas ciberfísicos, IoT e computação em nuvem. Na Figura 7.3 são apresentadas importantes tecnologias da Indústria 4.0.

Figura 7.3 – Tecnologias da Indústria 4.0.

Na sequência são apresentadas as definições das principais tecnologias da Indústria 4.0 (Figura 7.3), sendo elas: *Big Data*, Internet das Coisas, Robôs Autônomos, Simulações, Integração de Sistemas, Computação em Nuvem, Cibersegurança, Realidade Aumentada e Manufatura Aditiva. Por se tratar de uma obra voltada à área de Tecnologia Mecânica será dada maior ênfase ao tema Manufatura Aditiva no tópico 7.3 deste capítulo, pois envolve conceitos tecnológicos importantes de materiais e processos de fabricação.

7.2.1 Big Data

Na manufatura avançada, é gerada e armazenada uma enorme quantidade de dados, provenientes da estrutura de objetos (ou coisas) interconectados. *Big data* é o nome dado a essa massa de dados, tratando-se de um ativo organizacional.

É o volume de informações geradas por todo sistema operacional de uma empresa ou organização que precisam ser cuidadosamente analisadas, de maneira detalhada, pois podem revelar situações que gerariam um diferencial competitivo, quando bem utilizadas na gestão operacional e estratégica da organização.

Big Data pode ser caracterizada, de forma inicial, a partir de três aspectos (3 Vs):

a) **Volume**, relacionado à grande quantidade de dados.

b) **Velocidade**, refere-se à rapidez com que os dados surgem e a necessidade de eles serem trabalhados em tempo real ou próximo disso.

c) **Variedade**, os dados podem ser estruturados, armazenados em bancos de dados tradicionais (organizados em tabelas, por exemplo) e não estruturados, mistura de dados provenientes de diversas fontes como vídeos, áudios, imagens etc.

Atualmente, em função dos 3 Vs, são adicionados os seguintes aspectos:

a) **variabilidade**, que consiste em dados com base em eventos sazonais;

b) **complexidade**, que é a dificuldade de fazer relação entre os dados;

c) **veracidade**, consistindo na confiabilidade dos dados;

d) **valor**, que são os dados ativos organizacionais que podem agregar valor à empresa.

No que diz respeito à gestão do conhecimento, os **dados** podem ser definidos como elementos brutos e sem significado. Por exemplo, os dados dos funcionários de uma empresa: nomes, salários, horas trabalhadas, férias etc. Os dados podem ser transformados em **informação**, que compreende dados organizados e com significado.

Podem ser citados como exemplos de informação, a folha de pagamento de funcionários e o orçamento de uma empresa. Prosseguindo na contextualização, a informação por sua vez pode ser transformada em **conhecimento**, que consiste na sua interpretação por indivíduos; é o caso, por exemplo, de um estudo para reavaliar as faixas salariais de uma empresa pelo setor de gestão de pessoas (ou de recursos humanos).

Em termos de eficiência competitiva, já se adota outro nível de transformação que seria o conhecimento sendo convertido em **sabedoria**, que compreende o ganho que pode ser obtido com o conhecimento extraído das informações.

Data Analytics consiste na utilização de análise de dados por meio de ferramentas como algoritmos, simulação, inteligência artificial e outras para realizar a análise das informações e extrair o conhecimento proveniente delas. Essa análise pode propiciar melhoria de gestão e fornecer apoio para tomada de decisões estratégicas na empresa.

Vale ressaltar que a complexidade de análise aumenta quando se adiciona ao grande volume de dados estruturados (com possível análise estatística) os dados não estruturados, como: imagens, expressões faciais, sons, entre outros.

7.2.2 Internet das Coisas

A **Internet das Coisas** (IoT, do inglês *Internet of Things*) consiste em conectar objetos usados no cotidiano, como máquinas, veículos, aparelhos eletrodomésticos, à internet, de forma a poderem ser acessados remotamente, por dispositivos móveis ou fixos que tenham conexão com a internet.

A eletrônica "embarcada" – software, sensores, atuadores e conectividade – permite a conexão dos objetos ("coisas"), e que coletem e troquem dados, tanto entre si como com outros atores na cadeia produtiva considerada nas duas direções.

EXEMPLO

Como aplicações da IoT na manufatura, pode-se citar a utilização de sensores no veículo guiado automaticamente (AGV, do inglês *automated guided vehicle*), que é muito empregado em sistemas de manufatura, conforme mostrado na Figura 7.4. A eletrônica "embarcada" permitirá que o AGV conecte-se às máquinas do sistema de manufatura, coletando e trocando dados entre esses objetos, otimizando a movimentação de materiais durante o processo produtivo.

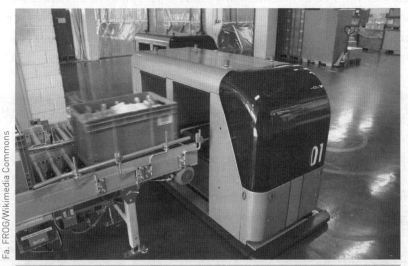

Figura 7.4 – Veículo guiado automaticamente empregado em um sistema de manufatura.

As vantagens com a adoção da IoT para os clientes incluem a redução de custos e a diminuição do gasto com o tempo. Como desvantagem há a grande preocupação de conseguir manter a integração entre os sistemas fornecidos por diferentes empresas com a proliferação de objetos inteligentes que surgirão.

A Internet de Serviços (IoS, do inglês *Internet of Services*) é uma vertente do uso de internet na Indústria 4.0 e pode ser definida como uma nova forma de se relacionar com o público de interesse (*stakeholders*), que pode afetar ou ser afetado por determinada organização, e com os objetos inteligentes, oferecendo novas formas de serviços, que podem ser encontrados, usados e remunerados on-line.

7.2.3 Robôs e veículos autônomos

Os **robôs autônomos** são robôs que podem realizar ações a partir do ambiente ao seu redor, sem a interferência humana. Eles são robôs mais flexíveis, capazes de interagir com outras máquinas e com os humanos. São indicados em condições, como tarefas que podem ser executadas sem o apoio de operadores, em processos perigosos e na movimentação de materiais pesados. Um exemplo de aplicação em que o elevado nível de autonomia para robôs é desejado é a exploração espacial, em que atrasos e interrupções na comunicação são inevitáveis. Robôs autômatos também podem ser utilizados na agricultura, conforme mostrado na Figura 7.5.

Figura 7.5 – Utilização de robô autômato em uma horta.

Os **veículos autônomos** são aqueles capazes de trafegar, sem a interferência humana. As informações que podem ser fornecidas por humanos são a definição dos pontos de origem e destino e possivelmente, as rotas a seguir.

7.2.4 Simulações

O emprego de **simulações** nas fábricas torna-se cada vez mais necessário em função da busca por produtividade e competitividade, permitindo que operadores testem e melhorem processos e produtos ainda na fase de concepção, diminuindo os custos e o tempo de projeto e de produção. A simulação une diferentes agentes da Indústria 4.0; conceitos de *Big Data*, Machine Learning e Inteligência Artificial são usados para entender pontos de melhorias no processo da manufatura, propor soluções, testar hipóteses, aplicar e mensurar as mudanças.

> ***Machine learning*** significa aprendizado da máquina e faz parte do conceito de inteligência artificial, que estuda meios para que máquinas (ou equipamentos) possam realizar tarefas que seriam executadas por pessoas.

As simulações podem ser feitas por meio de softwares específicos, que captam os dados da produção e apresentam análises de variáveis e de intervalos de tempo. Por meio de indicadores gerados é possível detectar e, principalmente, propor soluções para os "gargalos" da produção, por exemplo.

Toda a cadeia de criação pode ser simulada virtualmente na Indústria 4.0. O ambiente virtual pode envolver produtos, materiais, máquinas, processos e pessoas. Isso permite que processos e produtos sejam testados, reduzindo custos com falhas e o tempo de projeto.

No que diz respeito à aplicação de simulações, outro conceito importante é o de gêmeo digital (*digital twin*), que é um simulador de um sistema industrial que usa os dados e sensores para fazer projeção. Trata-se de uma cópia digital de um processo, podendo ser a de uma linha de produção, por exemplo. A cópia digital pode ser usada em simulações e podem ser aplicadas ações no objeto real. Os dados coletados com o uso dessa tecnologia são armazenados na nuvem.

Uma empresa pode criar um gêmeo digital do processo produtivo com o intuito de aprimorar a compreensão do estado atual para promover um melhor desempenho dinâmico das suas operações. Um exemplo de aplicação é o uso de gêmeo digital na produção de automóveis, em que se pode simular o emprego de robôs no processo de manufatura, por exemplo.

Há uma perspectiva que em poucos anos bilhões de coisas serão representadas por gêmeos digitais, com um modelo de software dinâmico de uma coisa física ou sistema. Por meio dos dados fornecidos pelos sensores, um gêmeo digital entende o seu estado, responde às mudanças, melhora as operações e agrega valor.

No conceito da Indústria 4.0, simulação de sistemas é um poderoso instrumento de gestão. As vantagens da sua utilização incluem a compreensão do que acontece a partir do sistema real; a modelagem de maneira virtual; a definição a partir da realidade virtual com técnicas de otimização aplicadas; a análise e possivelmente o entendimento das melhores decisões a serem escolhidas; e o teste do impacto das mudanças antes mesmo que a ação entre em vigor na planta física.

7.2.5 Cibersegurança (segurança cibernética)

Cibersegurança (do inglês *cyber security*), também conhecida como segurança cibernética, é a prática que protege computadores e servidores, dispositivos móveis, sistemas eletrônicos, redes e dados de ataques maliciosos.

A segurança cibernética é essencial na Indústria 4.0 e uma consequência dos outros pilares. Com uma gestão altamente conectada e integrada à internet, proteger dados e sistemas é fundamental.

7.2.6 Computação em nuvem

Computação em nuvem (*cloud computing*) é o conceito que se refere ao fornecimento de memória e armazenamento, somado ao processamento de dados em computadores e servidores interligados por meio da internet.

Trata-se de uma tecnologia que já está presente até em nossas casas, mas na Indústria 4.0, a computação em nuvem permite o aumento da capacidade e a velocidade de processamento. Sistemas rápidos e interligados, com acesso ao banco de dados e suporte de qualquer local, com a total integração de plantas industriais.

7.2.7 Realidade aumentada

A realidade aumentada (RA) ou, em inglês, *augmented reality* (AR), trata da tecnologia que realiza a integração do mundo virtual ao mundo real. Ela permite a sobreposição de objetos gerados por computador em um ambiente real, por meio de um dispositivo de visualização – como um smartphone, tablet ou óculos especiais.

Essa tecnologia pode facilitar, por exemplo, a operação de máquinas e serviços de manutenção e atividades de suprimento numa fábrica. Ela permite um aumento de produtividade e redução de custos nos processos fabris, além da economia dos recursos.

ATENÇÃO!

Não confunda realidade aumentada com realidade virtual, pois ambas as tecnologias são utilizadas na manufatura avançada, porém são conceitos distintos. Enquanto na realidade aumentada há a integração entre os mundos virtual e o real por meio de sobreposição de objetos, na **realidade virtual (RV)** é trazida para o local uma realidade que só existe no mundo virtual por meio de um conjunto particular de hardware (computadores e óculos, por exemplo). Os simuladores de direção veicular são um exemplo de realidade virtual.

A **realidade mista (RM)** ou **realidade híbrida** consiste na tecnologia que associa características da realidade virtual com a realidade aumentada, pois além de sobrepor o mundo físico com objetos virtuais, possibilita que o usuário tenha uma imersão maior por meio da produção de novos ambientes nos quais objetos físicos e virtuais coexistem e interagem em tempo real, conforme mostrado na Figura 7.6.

Figura 7.6 – Realidade mista aplicada na indústria.

7.2.8 Integração de sistemas

No contexto de Indústria 4.0 (manufatura avançada), torna-se comum o uso de sistemas de tecnologia de comunicação e informação interligados dentro das empresas, com redes de gestão integrada de dados (*enterprise resource planning* – ERP, por exemplo), que integram de forma vertical e horizontal toda a cadeia produtiva a fim de facilitar a análise de dados e a tomada de decisão.

7.3 Manufatura aditiva

Em processos de fabricação de produtos é comum se deparar com a manufatura subtrativa, na qual se utilizam os processos de usinagem para a remoção de materiais e, dessa forma, obter as dimensões e qualidade superficial desejadas nas peças ou componentes. Neste item da obra, são destacados processos que utilizam o princípio da adição de material para fabricar itens. Esses processos que envolvem a adição de material são denominados de manufatura aditiva.

> A **manufatura aditiva** também é conhecida como impressão 3D ou prototipagem rápida. Deve-se destacar que apesar dessas três terminologias serem adotadas para classificar a tecnologia de manufatura com base na adição de material, a impressão 3D é um dos processos de manufatura aditiva e a prototipagem rápida é um subgrupo da manufatura aditiva, no qual os processos são utilizados para fabricar protótipos.

A manufatura aditiva pode ser definida como um processo de fabricação por meio da adição sucessiva de material na forma de camadas, com informações obtidas diretamente de uma representação geométrica computacional tridimensional do componente.

A popularização das máquinas de manufatura aditiva de baixo custo tem possibilitado o crescimento de um campo de aplicação mais popular e doméstico usando essa tecnologia. Isso se deve a **obtenção de produtos customizados e de entretenimento (brinquedos em geral)**.

A programação da peça ou componente nos processos de manufatura aditiva envolve as seguintes etapas:

» **Modelagem geométrica** da peça em uma plataforma de desenho assistido por computador (CAD, do inglês *computer-aided design*);

» **Tesselação do modelo geométrico**, que se trata da criação de um mosaico em que o modelo em CAD é transformado geralmente em formato STL (abreviação original do inglês *STereoLithography, que significa estereolitografia)* para distinguir o interior do exterior do objeto; e

» **Fatiamento do modelo** em camadas horizontais, paralelas e pouco espaçadas, que serão utilizadas posteriormente na confecção do modelo físico.

No que diz respeito à prototipagem, a realidade virtual pode ser empregada como prototipagem virtual para analisar detalhes de um produto (o interior de um carro, por exemplo); os processos de usinagem também podem ser utilizados na confecção de protótipos; e um modelo computacional do projeto de um produto em uma plataforma CAD pode ser chamado de **protótipo virtual**.

Os processos de manufatura aditiva podem ser classificados por estado ou forma inicial da matéria-prima utilizada na fabricação. Nessa perspectiva, os processos são classificados como sendo baseados em líquido, sólido e pó. Na Tabela 7.1 são apresentados a forma da matéria-prima, importantes processos de manufatura aditiva, os materiais comumente empregados e o processo de formação de camadas.

Tabela 7.1 – Forma das matérias-primas, processos, materiais tipicamente usados e o processo de formação de camadas na manufatura aditiva

Forma da matéria-prima	Processo	Materiais tipicamente usados	Formação de camadas
Polímero líquido	Estereolitografia	Fotopolímero	Cura a laser
Polímero líquido	Estereolitografia por processamento de luz digital	Fotopolímero	Cura a laser
Pós	Sinterização seletiva a laser	Polímeros, metais	Sinterização a laser
Pós	Impressão tridimensional	Aglomerante aplicado aos pós de polímero	Cabeçote de impressão baseada em gotas
Sólido (material fundido)	Modelagem por deposição de material fundido	Polímeros, cera	Cabeçote de extrusão
Sólido (material fundido)	Fabricação por deposição em gotas	Polímeros, cera e metais de baixo ponto de fusão	Cabeçote de impressão baseada em gotas
Lâminas sólidas	Manufatura de objetos em lâminas	Papel ou polímero	Laser ou faca

7.3.1 Processos baseados em líquido

Em relação aos processos com base em líquido, pode-se destacar a estereolitografia e o processamento de luz digital.

Indústria 4.0 – Manufatura Avançada

A **estereolitografia** (SL – *stereolithography* ou SLA – *stereolithography apparatus*) foi o primeiro processo de manufatura aditiva, datando de 1988 e tendo como inventor Charles Hull. É um dos métodos de manufatura aditiva mais utilizados, consistindo no processo de fabricação de uma peça sólida de plástico a partir de um polímero líquido fotossensível utilizando um feixe direto de laser com baixa potência para curar o polímero. A fabricação do componente é feita em uma série de camadas, na qual cada camada é adicionada sobre a anterior para construir gradualmente a geometria tridimensional desejada (Figura 7.7).

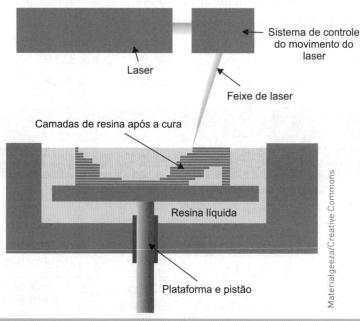

Figura 7.7 – Aparato de estereolitografia.

Os fotopolímeros líquidos típicos usados em SL incluem acrílico, epóxi, elastômero e éter vinil que são curados pela exposição a um laser ultravioleta. Após todas as camadas terem sido formadas, o excesso de polímero é removido e um lixamento leve às vezes é utilizado para melhorar o acabamento e a aparência.

A estereolitografia por **processamento de luz digital** em manufatura aditiva (DLP, do inglês *digital light processing*) é uma das variações da estereolitografia convencional, e consiste no processo em que a camada inteira do fotopolímero líquido é exposta de uma só vez a uma fonte de luz ultravioleta por meio de uma máscara, em vez de utilizar um feixe de laser de forma pontual. A chave para a estereolitografia por DLP é o uso de uma máscara dinâmica que é alterada digitalmente para cada camada por um projetor, que pode ser um dispositivo digital de microespelhos. A cura de cada camada é mais rápida do que no processo de estereolitografia convencional por ser realizada em etapa única.

7.3.2 Processos baseados em pó

Trata-se de processos cuja matéria-prima é o pó. Os principais processos de manufatura aditiva incluídos nessa classificação são a sinterização seletiva a laser e a impressão 3D.

Sinterização Seletiva a Laser (SLS, do inglês *selective laser sintering*) utiliza um feixe de laser com alta potência que se move para sinterizar material em pós por calor nas áreas correspondentes ao modelo geométrico em CAD, uma camada por vez, para construir a peça sólida. Após cada camada ter sido completada, nova camada de pó é espalhada sobre a superfície e nivelada usando um rolo de contrarrotação. Um sistema esquemático desse processo é mostrado na Figura 7.8.

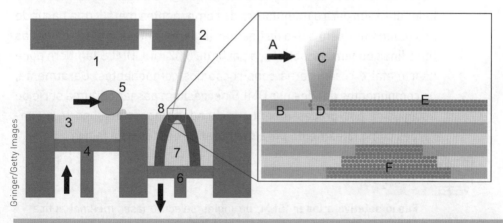

Figura 7.8 – Sistema esquemático de SLS: (1) laser; (2) sistema de controle do movimento do laser; (3) sistema de suprimento de pó; (4) pistão da plataforma de suprimento de pó; (5) rolo (rolete nivelador); (6) pistão da plataforma de construção; (7) leito de pó para a fabricação; e (8) objeto em fabricação (ver inserção em destaque). (A) direção de movimentação do laser; (B) partículas já sinterizadas; (C) feixe de laser; (D) sinterização a laser; (E) pós pré-posicionados no leito; e (F) material não sinterizado das camadas anteriores.

Em SLS, os pós são preaquecidos até um pouco abaixo de seu ponto de fusão para facilitar a ligação e reduzir a distorção do produto acabado e para reduzir os requisitos de energia do laser. Em regiões não sinterizadas pelo feixe de laser, os pós continuam soltos para que possam ser separados da peça concluída. Durante o processo, os pós não sinterizados servem para apoiar as regiões sólidas da peça, à medida que a fabricação avança.

Os materiais empregados em SLS na forma em pó são termoplásticos fusíveis por calor (incluindo aqueles preenchidos com vidro), elastômeros, cera, metais pulverizados com ligante (por exemplo, aço inoxidável, aços ferramenta e ligas, titânio, tungstênio, ligas de cobre, superligas de alumínio e níquel), cerâmica pulverizada e areia de moldagem (com ligante).

Como aspectos de projeto, a espessura da camada é de 0,075 mm a 0,50 mm, dependendo do material usado. O processo SLS geralmente é realizado em um compartimento preenchido com nitrogênio para minimizar a degradação dos pós que poderiam ser susceptíveis à oxidação (por exemplo, metais). Vale ressaltar que essa tecnologia pode ser empregada para a fabricação direta não apenas na confecção de protótipos.

O processo **sinterização direta de metais a laser** (DMLS, do inglês *direct metal laser sintering*) é uma variante da sinterização seletiva a laser utilizada para a manufatura de componentes metálicos a partir de pós muito finos sem o uso de ligantes (aglomerantes), em que camadas mais finas podem ser obtidas, a partir de 0,02 mm. DMLS também pode usar metal e cerâmica na construção dos componentes. Geralmente, os componentes obtidos por DMLS necessitam passar por uma série de estágios de pós-processamento, incluindo remoção de suporte e operações como jateamento para melhorar a resistência à fadiga.

ATENÇÃO!

Fusão seletiva a laser (SLM, do inglês *selective laser melting*) aplica princípio similar à SLS, só que utiliza feixe de laser com alta potência que se move pontualmente para fundir material em vez de sinterizá-lo. A energia fornecida é suficiente para elevar o pó acima da temperatura de fusão, criando uma pequena região chamada poça de fusão em um local exato que corresponde à projeção 2D do modelo CAD. SLM, SLS e DMLS consistem em processos que utilizam a tecnologia de laser, assim como a usinagem a laser, soldagem a laser e outros.

Fusão por feixe de elétrons (EBM, do inglês *electron beam melting*) também se trata de uma tecnologia de manufatura aditiva baseada em pós. EBM é um dos vários processos industriais que podem utilizar feixes de elétrons para a sua realização, como soldagem, usinagem não tradicional, endurecimento seletivo da superfície (têmpera superficial), deposição física de vapor por evaporação, revestimento de íons e litografia. A técnica EB na manufatura aditiva aplica um feixe de elétrons de alta energia para fundir uma região do leito de pó metálico e é normalmente realizada sob vácuo para evitar a oxidação indesejada e o reflexo de elétrons altamente energizados na atmosfera circundante.

EBM segue princípio similar à soldagem por feixe de elétrons (EBW, do inglês *electron beam welding*). EBW é um processo de soldagem por fusão, em que o calor para a soldagem é produzido por um fluxo altamente concentrado e de alta intensidade de elétrons colidindo com a superfície de trabalho.

Em contraste com a fusão seletiva a laser, a fusão por feixe de elétrons transfere sua energia a cerca de 70% da velocidade da luz através das colisões cinéticas entre elétrons acelerados e a região do leito de pó. Como resultado, a energia fornecida pelo feixe de elétrons não apenas funde o pó, mas também aumenta a sua carga negativa. O efeito dessa eletronegatividade pode resultar em um feixe de energia mais difuso, à medida que o pó repele os elétrons recebidos. Normalmente, a câmara que abriga o leito de pó para EBM é preaquecida antes do processo para mitigar os efeitos de grandes gradientes de temperatura e acúmulo de tensões residuais e para impedir a formação de microestruturas indesejadas que possam comprometer a qualidade do produto. A tecnologia de manufatura aditiva EBM possui importante aplicação na fabricação de componentes de titânio e outros materiais metálicos para a indústria aeronáutica.

Considerando a fabricação de componentes com as mesmas características geométricas e de mesmo material, SLM e EBM produzem componentes com melhor comportamento mecânico do que SLS, porque ambos têm processos de fusão e solidificação completa da camada, enquanto SLS não tem a capacidade de fazê-los, restringindo-se à sinterização e densificação do material.

A **impressão 3D** (3DP, do inglês *three-dimensional printing*) fabrica a peça usando uma cabeça de impressão, semelhante à impressora jato de tinta, para ejetar ligante no estado líquido entre sucessivas camadas de pó. O ligante (ou aglomerante) é o material adesivo que une os pós para formar a peça sólida, e os pós não ligados permanecem soltos para serem removidos posteriormente. Assim como no processo SLS, os pós soltos aplicados no processo 3DP servem para suportar as características salientes e frágeis da peça. Quando o processo de construção está concluído, os pós soltos são removidos. Para reforçar ainda mais a peça, pode ser realizada uma etapa adicional de sinterização para unir os pós ligados.

Os materiais empregados em 3DP na forma em pó são aço inoxidável, bronze, cerâmicas, areia de moldagem, gesso e amido; e na forma líquida de um ligante (aglomerante) são cera, resina epóxi, elastômero e poliuretano.

7.3.3 Processos baseados em sólido

Nesses processos a matéria-prima encontra-se no estado sólido, na forma de filamento sendo fundido durante o processo como na modelagem por deposição de material fundido e na fabricação por deposição em gotas, ou na forma de lâminas como na manufatura de objetos em lâminas.

A **modelagem por deposição de material fundido** (FDM, do inglês *fused-deposition modeling*) é um processo em que um filamento de cera e/ou polímero termoplástico é extrudado sobre a superfície de uma peça existente a partir de um cabeçote para criar cada camada. O cabeçote é controlado no plano horizontal durante cada camada e, então, move-se para cima a uma distância igual a uma camada. Desta forma, a peça é fabricada da base para cima, usando um procedimento camada a camada, similar ao dos outros sistemas de manufatura aditiva. A matéria-prima é um filamento sólido com diâmetro típico de 1,25 mm, acomodado em um carretel que alimenta o cabeçote, no qual o material é aquecido a aproximadamente 0,5 °C acima de seu ponto de fusão antes de extrudá-lo na superfície da peça. O material extrudado é solidificado e soldado em uma superfície da peça mais fria. Se for necessária uma estrutura de suporte, o material geralmente é extrudado por um segundo cabeçote usando um material diferente que pode ser facilmente separado da peça principal.

Os materiais empregados em FDM, de forma geral, são cera, elastômeros e diversos termoplásticos como material de montagem, cerâmicas (com material ligante). Em uma base limitada metais eutéticos e materiais reforçados com fibra de vidro foram usados para produzir componentes. Em relação aos materiais de suporte emprega-se cera e material tipo náilon.

FDM é o processo de manufatura aditiva mais utilizado no mundo e a sua praticidade permite que ele seja utilizado em ambientes de escritório. Uma desvantagem é sua velocidade relativamente baixa, pois o material depositado é aplicado de forma pontual, e o cabeçote de trabalho não pode ser movido com a alta velocidade de um ponto de laser. Além disso, o uso de um extrusor, com seu orifício de bocal circular, dificulta a formação de cantos vivos, conforme a Figura 7.9.

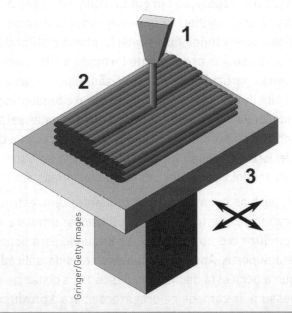

Figura 7.9 – Modelagem por deposição de material fundido (FDM) em que (1) bocal ejetando material plástico fundido, (2) material depositado (peça) e (3) movimento do cabeçote no plano horizontal.

Os componentes que podem ser produzidos por modelagem por deposição de material fundido podem apresentar formatos simples ou complexos, conforme ilustrado na Figura 7.10.

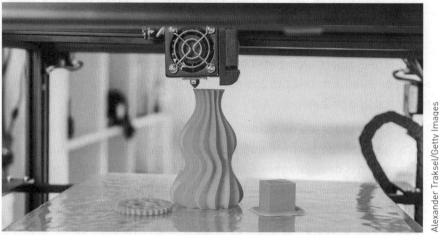

Figura 7.10 – Exemplos de componentes produzidos por FDM.

A **fabricação por deposição em gotas** (DDM, do inglês *droplet deposition manufacturing*), conhecida também como fabricação com partículas balísticas, opera fundindo a matéria-prima e atirando pequenas gotas sobre uma camada previamente formada. DDM refere-se ao fato de que pequenas partículas de material são depositadas e projetadas do bocal de trabalho. As gotas líquidas resfriam e fundem-se na superfície formando uma nova camada. A deposição das gotas para cada nova camada é controlada por um cabeçote de pulverização móvel em plano horizontal de forma pontual, no qual a trajetória se baseia na seção transversal do modelo geométrico CAD que foi fatiado em camadas.

Em DDM, para as geometrias que requerem uma estrutura de suporte, dois cabeçotes de trabalho são utilizados: um para distribuir o polímero e produzir o próprio objeto, e o segundo para depositar outro material para suporte. Após cada camada ter sido aplicada, a plataforma em que a peça está depositada desce até a distância correspondente à espessura da camada na preparação para a próxima camada.

A **manufatura de objetos em lâminas** (*laminated-object manufacturing* – LOM) produz um modelo físico sólido empilhando camadas de lâminas que são cortadas com um contorno correspondente à forma da seção transversal de um modelo CAD que foi fatiado em camadas. As camadas são empilhadas sequencialmente e unidas uma sobre a outra para produzir a peça. Após o corte que pode ser realizado por laser ou faca, o excesso de material em cada camada continua no lugar para apoiar a peça durante a construção.

Os materiais para o processo LOM incluem papel, papelão e termo-plásticos na forma de lâminas, folhas de metal e cerâmica. De forma geral, os materiais são fornecidos em rolos com adesivo na base. Como alternativa, o processo LOM deve incluir um passo de recobrimento adesivo para cada camada.

7.3.4 Outras observações sobre manufatura aditiva

Como características de processo, a manufatura aditiva possui a facilidade de automatização, minimizando consideravelmente a inter-venção do operador durante o processo. Praticamente, a necessidade do operador ocorre na preparação da máquina, com a alimentação de materiais e devidos parâmetros de máquina, e, ao final do processo, na retirada e na limpeza da peça.

A adoção da manufatura aditiva causa impacto positivo no sistema de produção e atendimento da demanda, notadamente na redução de estoque de produtos acabados e no tempo de entrega de produtos. A utilização da manufatura aditiva possibilita que a empresa reformule com muitos ganhos e benefícios o processo de **desenvolvimento de produtos**. Aliás, as primeiras aplicações dessa tecnologia foram em projetos, especificamente no desenvolvimento de produtos, principal-mente, para possibilitar a obtenção de protótipos para visualização dos estágios iniciais do produto.

A adoção do processo de fabricação por meio da manufatura adi-tiva, quando possível, permite fabricar peças ou componentes no local de uso. A manufatura aditiva empregada na fábrica de forma isolada, sem a aplicação de tecnologias de comunicação (conectividade, por exemplo) não caracteriza a presença da Indústria 4.0, pois a manufatura aditiva é um elemento que complementa outros conceitos da manufa-tura avançada. É necessário que a manufatura aditiva esteja associada a outros conceitos como Internet das Coisas e computação em nuvem, por exemplo, para que a adoção de Indústria 4.0 esteja caracterizada.

Uma vez caracterizada a adoção de Indústria 4.0, a conectividade permite, por exemplo, que uma pessoa forneça as informações neces-sárias para a fabricação do produto de qualquer local para que uma máquina de manufatura aditiva o produza no mesmo ou em qualquer outro local. A versatilidade e a flexibilidade permitem a customização em massa.

Indústria 4.0 – Manufatura Avançada

Uma aplicação das tecnologias de manufatura aditiva que desperta particular interesse, em função do potencial oferecido, é a fabricação de ferramental. Associa-se à fabricação de ferramental a obtenção de gabaritos e dispositivos, modelos-mestre, modelos e ferramentais de "sacrifício", e moldes permanentes para vários processos de fabricação (moldes-protótipo). Como exemplos, podem-se citar a fabricação de eletrodos para eletroerosão, modelos de cera para a fundição de precisão, modelo de borracha de silicone para a confecção do molde de produção, modelos para montar o molde na fundição em areia e outros.

A existência de uma peça física fabricada por manufatura aditiva permite que certos tipos de atividades de análise de engenharia sejam realizadas, como verificação do apelo estético da peça; análise de fenômenos de transporte como fluxo de fluidos e teste em túnel de vento de diferentes formas aerodinâmicas; e análise de tensões de um modelo físico. Em gestão de produção, a fabricação de peças por manufatura aditiva antes da produção pode auxiliar no planejamento do processo e no projeto de ferramental. Na área médica, a combinação de tecnologias de diagnóstico como a imagem por ressonância magnética com a manufatura aditiva permite criar modelos para auxiliar médicos no planejamento de procedimentos cirúrgicos ou na manufatura de próteses ou implantes.

A **fabricação direta** por manufatura aditiva está sendo cada vez mais empregada para produzir peças e produtos finais. Os exemplos de produção de peças finais incluem: peças plásticas em pequenos lotes, evitando o alto custo do molde para a moldagem por injeção; peças com geometrias complexas, evitando processos de montagem; peças avulsas; e peças customizadas no tamanho exato para cada aplicação. Nota-se que a fabricação direta não é substituta para a produção em massa. Em vez disso, é adequada para a produção de baixo volume e a customização em massa, na qual produtos são fabricados em grande quantidade, mas cada produto é único de alguma forma. Em todos os casos, o requisito é que um modelo CAD do componente (ou produto) deve estar disponível.

Os exemplos de peças customizadas tornam-se cada vez mais comuns em aplicações médicas, como as próteses ósseas, aparelhos auditivos, aparelhos dentários, que requerem adaptações personalizadas.

A precisão e o acabamento superficial das peças produzidas por manufatura aditiva são algumas das restrições ou deficiências atuais dessa tecnologia como processo de fabricação, pois são inferiores aos das peças obtidas por processos convencionais, como a usinagem. Isso também se deve ao princípio de adição de material em camadas, que dá origem aos degraus de escada nas superfícies de regiões inclinadas e curvas. Outros problemas relacionados com a manufatura aditiva são a limitada variedade de materiais, a estereolitografia é restrita a fotopolímeros, por exemplo; e o desempenho mecânico das peças fabricadas, pois esses materiais geralmente não são tão resistentes quanto os materiais das peças produzidas por outros processos.

Quando comparados aos processos de fabricação tradicionais, em especial com a usinagem com comando numérico computadorizado (CNC), os processos de manufatura aditiva apresentam muitas vantagens, sendo elas: a liberdade geométrica na fabricação; o pouco desperdício de material; a utilização eficiente de energia; não requer dispositivos de fixação; não é necessária a troca de ferramentas durante a fabricação do componente; o componente é fabricado em um único equipamento, do início ao fim; não são necessários cálculos complexos das trajetórias de ferramentas; a possível produção de peças finais; e algumas tecnologias têm o potencial de misturar materiais dissimilares.

RESUMINDO...

Foram apresentados neste capítulo os conceitos gerais das tecnologias presentes na Indústria 4.0 para que o leitor possa compreender de forma simples as suas respectivas relevâncias e aplicações. Deu-se, também, ênfase à manufatura aditiva, com seus respectivos processos, aplicações, vantagens e limitações.

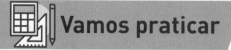
Vamos praticar

1. Defina Indústria 4.0.
2. O que são fábricas e objetos inteligentes?
3. Em que consiste desenvolver e aplicar o conceito de Internet das Coisas em uma fábrica.
4. Quais são os conceitos essenciais de *Big Data*?
5. Diferencie realidade aumentada de realidade virtual.
6. Manufatura aditiva, prototipagem aditiva e impressão 3D são termos usados para se referir a tecnologias de fabricação que adicionam camadas de material a uma peça ou substrato existente. É possível diferenciar esses termos? Explique.
7. Para que serve e como pode ser chamado um modelo computacional do projeto de um produto em uma plataforma CAD?
8. Quais processos de manufatura aditiva apresentados nesta obra podem ser utilizados na fabricação de peças a partir de materiais metálicos?
9. Cite vantagens e desvantagens no uso de tecnologias de manufatura aditiva.
10. Qual processo de manufatura aditiva você recomendaria para uma empresa? Explique.

Bibliografia

ASKELAND, D. R.; WRIGHT, W. J. **Ciência e engenharia dos materiais**. São Paulo: Cengage Learning, 2014.

BRESCIANI FILHO, E.; ZAVAGLIA, C. A. C.; BUTTON, S. T.; GOMES, E.; NERY, F. A. C. **Conformação plástica dos metais**. 5. ed. Campinas: Editora da Unicamp, 1997.

CALLISTER JR., W. D.; RETHWISCH, D. G. **Fundamentos da ciência e engenharia de materiais**: uma abordagem integrada. 4. ed. Rio de Janeiro: LTC, 2014.

COLPAERT, H. **Metalografia dos produtos siderúrgicos comuns**. 4. ed. São Paulo: Edgard Blucher, 2008.

FERRANTE, M.; WALTER, Y. **A materialização da ideia**: noções de materiais para design de produto. Rio de Janeiro: LTC, 2010.

GARCIA, A.; SPIM, J. A.; SANTOS, C. A. **Ensaios dos materiais**. 2. ed. Rio de Janeiro: LTC, 2012.

GENTIL, V. **Corrosão**. 6. ed. Rio de Janeiro: LTC, 2011.

GROOVER, M. P. **Fundamentos da moderna manufatura**. v. 1. 5. ed. Rio de Janeiro: LTC, 2017.

_____. **Fundamentos da moderna manufatura**. v. 2. 5. ed. Rio de Janeiro: LTC, 2017.

JUVINALL, R. C.; MARSHEK, K. M. **Fundamentos do projeto de componentes de máquinas**. 5. ed. Rio de Janeiro: LTC, 2016.

KIMINAMI, C. S.; CASTRO, W. B.; OLIVEIRA, M. F. **Introdução aos processos de fabricação de produtos metálicos**. São Paulo: Blucher, 2013.

LOKENSGARD, E. **Plásticos industriais**: teorias e aplicações. São Paulo: Cengage Learning, 2013.

NEWELL, J. **Fundamentos da moderna engenharia e ciência dos materiais**. Rio de Janeiro: LTC, 2010.

NIGEL, S.; BRANDON-JONES, A.; JOHNSTON, R. **Administração da produção**. 8. ed. São Paulo: Atlas, 2018.

PADILHA, A. F. **Materiais de engenharia**: microestrutura e proprie-dades. São Paulo: Hemus, 2000.

SANTOS, G. A. **Tecnologia dos materiais metálicos**: propriedades, estruturas e processos de obtenção. São Paulo: Érica, 2015.

SÁTYRO, W. C.; SACOMANO, J. B. *et al.* **Indústria 4.0**: conceitos e fundamentos. São Paulo: Blucher, 2018.

SCHWAB, K. **A quarta revolução industrial**. São Paulo: Edipro, 2019.

SHACKELFORD, J. F. **Ciência dos materiais**. 6. ed. São Paulo: Pearson, 2008.

SILVA, A.L.C.; MEI, P.R. **Aços e ligas especiais**. 3. ed. São Paulo: Edgard Blucher, 2010.

SMITH, W. F.; HASHEMI, J. **Fundamentos de engenharia e ciência dos materiais**. 5. ed. São Paulo: Mc-Graw Hill, 2012.

SWIFT, K. G.; BOOKER, J. D. **Seleção de processos de manufatura**. Rio de Janeiro: LTC, 2014.

UGURAL, A. C. **Mecânica dos materiais**. Rio de Janeiro: LTC, 2009.